U0359376

葫芦文化丛书

东昌府卷

总 主 编／扈鲁
本卷主编／史兆国

中华书局

图书在版编目（CIP）数据

葫芦文化丛书．东昌府卷 ／ 扈鲁总主编 ；史兆国本
卷主编．－－ 北京 ：中华书局，2018.7
ISBN 978-7-101-13310-3

Ⅰ．①葫… Ⅱ．①扈… ②史… Ⅲ．①葫芦科－文化
研究－中国②葫芦科－文化研究－东昌府区 Ⅳ．①S642

中国版本图书馆CIP数据核字(2018)第130564号

书　　　名	葫芦文化丛书（全九册）
总 主 编	扈　鲁
本卷主编	史兆国
责任编辑	朱　慧
装帧设计	杨　曦
制　　　版	北京禾风雅艺图文设计有限公司
出版发行	中华书局
	（北京市丰台区太平桥西里38号 100073）
	http://www.zhbc.com.cn
	E-mail:zhbc@zhbc.com.cn
印　　　刷	艺堂印刷（天津）有限公司
版　　　次	2018年7月北京第1版
	2018年7月北京第1次印刷
规　　　格	开本787×1092毫米　1/16
	总印张155.5　总字数1570千字
国际书号	ISBN 978-7-101-13310-3
总 定 价	960.00元

《葫芦文化丛书》编委会

顾　　　问：刘德龙　张从军　傅永聚　叶涛
总　主　编：扈鲁
编委会主任：扈鲁
编委会成员（按姓氏笔画为序）：

马　力　王　涛　王怀华　王国林　王京传　王建平
左应华　史兆国　包　颖　巩宝平　成积春　问　墨
苏翠薇　李剑锋　李益东　宋广新　邵仲武　苗红磊
林桂榛　周天红　孟昭连　郝志刚　贾　飞　徐来祥
高尚榘　曹志平

办公室主任：黄振涛
办公室副主任：刘　永　宋振剑
办公室成员：鲁　昕　李　飞　王中华
摄　　　影：董少伟

《东昌府卷》编委会

编委会主任：刘培国　毕黎明
编委会副主任：郭海英　王怀华　刘学芳
主　　　编：史兆国
执　行　主　编：巩宝平
副　主　编：贾　飞　李广印　王　涛
编委会成员（按姓氏笔画为序）：

丁凯强　于凤刚　马兴才　王树峰　尹德艺　龙东高
卢宇扬　吕守霖　刘　鲲　齐超儒　江鹏飞　安琳琳
李　明　李　晨　张荣光　陈一涛　陈卫卫　赵敬蕊
秦星星　黄玉松　梁璐璐　褚　燕　魏灵芝

序　一

　　"葫芦虽小藏天地"，作为一种历史悠久、用途广泛的古老植物，葫芦也是文化内涵丰富的人文瓜果，遍布世界各地，受到各民族人民喜爱，有着漫长的文化旅程。据考古发现，在距今约 1 万年至 9000 年的秘鲁、泰国等地人们就开始种植和利用葫芦。我国河姆渡遗址发现了7000 多年前的葫芦及种子，另据甲骨文中"壶"字似葫芦状推断，我国先民认识葫芦的时间起点也很早。至"郁郁文哉"的西周时期，《诗经》等典籍中已有大量关于葫芦在饮食、盛物、祭祖、敬老、婚姻、渡河等方面的记载，我国的葫芦文化初具规模。经过数千年历史演变和人文化成，葫芦的实用性与艺术性被广泛开发和应用，涉及农工渔猎商等各行生产和衣食住行婚丧嫁娶的社会生活，以及节日、信仰、娱乐、工艺、语言、故事传说等方面，成为传统文化中的吉祥物和重要的民俗事象，衍生出蔚然可观的葫芦文化。如钟敬文先生所言，葫芦"是中华文化中有丰富内涵的果实，它是一种人文瓜果，而不仅仅是一种自然瓜果"，葫芦文化是"中华民俗文化中具有一定意义的组成部分"。

　　"风物长宜放眼量"，由我国葫芦写意画专家与收藏名家扈鲁先生主编的九卷本《葫芦文化丛书》，以我国浩如烟海的传世典籍为基础，深入系统地挖掘整理了葫芦在种植、食用、药用、器皿、工艺及相关名称、民俗、传说等方面的历史与文化。其中仅葫芦工艺类的史料，就涵盖葫芦造型、葫芦雕刻、葫芦绘画、葫芦饰品、葫芦乐器等诸多方面，通过文学卷、器物卷、图像卷等等图文，系统地展示了传统葫芦在中国文学、绘画、音乐、工艺美术等方面承载的丰富文化内涵以及历代匠人的高超匏艺。

丛书不仅具有历史的、文化的视野，也深刻关注葫芦文化的传承与发展现实，对云南澜沧县、辽宁葫芦岛、山东东昌府等地的葫芦文化发展做出翔实纪录，结合葫芦大观园、葫芦烙画、葫芦针雕、葫芦民俗旅游村、葫芦宴等不同形式的葫芦文化传承与发展案例，全面分析各地葫芦画室、葫芦艺匠、葫芦研究、葫芦收藏、葫芦精品发展情况，深入探讨葫芦文化融入当代经济与生活的路径，葫芦于小处成为民众饮食起居所需之物，经济财富之源，信仰诉求形式等，大者则被塑造成为当地城市的文化地标、宣传品牌，有的成为社会经济产业的新兴途径、对外交流的文化名片。

这部丛书富有科学精神和人文视野，是葫芦文化研究与普及的一部力作，不仅对葫芦文化的发展历史与现实做出了全面系统的梳理和研究，也对民间文化、民间艺术的个案研究和历史研究做出了深入的探索，富有启示意义。中华文脉历久弥新，需要的正是这样磅礴而专注的努力和实践。

序言如上。不妥之处，敬请各位同仁和读者朋友指正。

潘鲁生

2018 年 3 月 29 日

序 二

　　伴随着文明社会的发展，葫芦流布于世界各地，演化为人类生产、生活与生命信仰中的亲密朋友，用途广泛、影响久远，葫芦除了是一种自然瓜果外，还是一种人文瓜果。在中国，葫芦文化绵延数千年，是"中华民俗文化中具有一定意义的组成部分"。

　　在传承久远、洋洋大观的葫芦文化中，本丛书从史料、文学、器物、图像、植物、地域等角度加以梳理，采撷其粹，集结汇编，向世人展现博大精深的中华葫芦文化。谈及这套丛书的编纂，还得从我的经历说起。

　　我出生于《沂蒙山小调》诞生地葫芦崖脚下，从小生活在浓厚的葫芦文化氛围之中。忆及儿时，家家种葫芦，蜿蜒的藤蔓和悬垂的瓜果随处可见，传说八仙之一铁拐李的宝葫芦即采于此。又因中国古代曾称葫芦为匏鲁，遂以此为笔名，亦寓意匏姓鲁人。葫芦从开花作纽到长大成熟，不断轮回的画面在我脑海里生根发芽，缓缓流淌，生生不息。巧合而幸运的是，高中毕业后，我考取了曲阜师范大学，攻读美术专业，毕业留校工作，由于对葫芦题材花鸟画情有独钟，工作之余投入很多的精力和时间创作写意葫芦画，收藏葫芦，研究葫芦文化，参与国内外的葫芦文化活动。2007年，创建了葫芦画社；2010年，建立了葫芦文化博物馆；2013年，组织成立国际葫芦文化学会；2015年，启动了"最葫芦·葫芦文化丝路行"工程等等。这些努力赢得了业内前辈专家的认可，著名画家陈玉圃先生十分赞同我"开创'葫芦画派'"的观点；潘天寿先生的高足、我大学时花鸟画老师杨象宪教授在看过我的写意葫芦画和葫芦收藏后欣慰地说："从此我不再创作葫芦题材花鸟画，这个题材就交给你了"，并为我题写了"贵在坚持"四个大字，鼓励我坚持自己的葫芦题材创作方向。

为了更好地创作葫芦题材的花鸟画，了解各种葫芦的形态，如长柄葫芦到底有多长，大的葫芦到底有多大等，我开始收藏葫芦，随着葫芦藏品不断丰富，发现葫芦承载着丰厚的文化内涵，对葫芦背后的民俗文化也逐渐了解、熟悉并日渐痴迷。后来，越来越感受到葫芦文化的奥妙无穷，相比之下，自己所做的工作和取得的成绩真是沧海一粟，微不足道。同时，我认识到现实中葫芦文化在人类生产、生活和精神世界中的衰落，也是一个无法回避的重要问题，这促使我深感传承和创新优秀葫芦文化的重要性和紧迫性。为此，我曾许下弘愿，要让葫芦文化在我们这一代振兴而不是衰落，要大放光彩而不是黯然失色。这种想法一直盘桓于胸，久久难以释怀。

幸运的是，我的梦想在一次偶然的与友人相会中忽然变得触手可及。那是在2015年的初秋某日，老友叶涛教授（中国社科院研究员、中国民俗学会副会长兼秘书长）前来探访，并参观葫芦文化博物馆、葫芦画社。这次来访距离上次叶教授参观草创时期的葫芦画社已经过去了8年，参观过后，叶教授用"无比欣慰"对我8年来的成绩给予了充分肯定，并且凭着他敏锐的学术眼光和多年从事民俗文化研究的经验，一针见血地指出：葫芦文化是中华优秀传统文化的重要组成部分，古今学者名家对这一题材都有涉猎，但在全面深入、系统整理方面乏善可陈，建议由我组织编纂一套《葫芦文化丛书》，可为全面系统地研究葫芦文化奠基供料。老友一语点醒梦中人，一番高瞻远瞩的建言令所有钟爱葫芦文化者为之心动，我自然也不例外，所谓"夫子言之，于我心有戚戚焉"。当时，我就表示要做，且要做好此事。尽管如此，在许诺之后，自己的内心除了惊喜、振奋之外，更多的是一种忐忑不安，不禁扪心自问：国内有这么多葫芦研究专家，"我到底行不行？""为什么是我？为什么不是我？"类似的疑问盘桓脑海良久，但传承与弘扬中华葫芦文化的愿望亦是心头萌生良久之物，一份为弘扬传统葫芦文化而义不容辞之责让我毅然站在新的起跑线上，担起组织编纂《葫芦文化丛书》的大业与重任。决心一下，我开始组织有关人员分头搜集与葫芦有关的资料。当年 12 月份，叶涛教授再次专程来到曲阜，指导丛书编写事宜，经过充分讨论、酝酿，本次会面决定从《研究卷》《史料卷》《文学卷》《器物卷》《图像卷》等几个方面来梳理资料，汇编成册。接着，我开始四处联系专家、学者，并北上京津拜访名士，横跨南北，纵贯多省，十几个城市的几十名专家出于对葫芦文化的热爱和对我的厚爱，开始陆续加入到我们这个团队中来。

2016 年春节期间，热闹喜庆的气氛让我忽然想到，中国有几个地方都举办精彩纷呈的葫芦文化节，是不是再增加一卷《节庆卷》才会让这套书更完整？我顾不得春节休息，马上打电话和叶涛教授沟通汇报，他充分肯定了我的意见，觉得很有必要。但后来，深入思考后觉得由于每个地方特色各异，情况不同，在一卷里难以展现不同地域的全貌，我再次请教叶教授，最后我们决定增加《澜沧卷》《葫芦岛卷》《东昌府卷》地方三卷，以期对这三种具有地域代表性的葫芦节庆和葫芦文化做出全面深入的总结。至此，《葫芦文化丛书》已成八卷之势。这里需要特别说明的是，叶教授从策划、设计到每一卷的确定，甚至具体到章节，都付出了巨大的心血，每每是在百忙之中不辞辛劳地与我反复沟通、协商、指导，可以说，没有叶教授，就没有本套丛书，在此，我必须向叶涛教授表达最诚挚的谢意。

那个寒假，除确定了八卷本编纂任务外，我还联系中华书局，于 2016 年正月十四日赴北京拜访，汇报编纂方案，得到金锋主任、李肇翔先生的充分肯定，并答应由中华书局出版发行丛书。随后，我组织部分青年朋友和专家学者，撰写和论证丛书提纲，制定编纂计划，一个庞大的学术计划若隐若现，在不断的实践中渐渐成形，悠然而启。

在众多学界同仁与友人的鼎力支持下，2016年3月12日，《葫芦文化丛书》编纂工作会议在曲阜师范大学举行。会议召开前夕，在和与会专家聊天时，叶涛、张从军等教授提出，我们这套丛书尽管已经八卷，看似完备，但好像还缺少点什么，葫芦是从哪里来的，它的根在哪里？是不是还应该再从科学的角度对葫芦这个物种进行界定？闻此，我犹如醍醐灌顶，连夜联系到包颖教授，与她商讨此事，于是《植物卷》应运而生。至此，丛书九卷本的整体架构最终定型。

这次编纂工作会议开得非常成功。来自中国社科院、国家博物馆、中华书局、南开大学、山东工艺美术学院、山东建筑大学、曲阜师范大学、云南省社科院、黑龙江省文史馆等高校和科研单位的30余位专家学者，以及云南省澜沧拉祜族自治县，辽宁省葫芦岛市葫芦山庄，山东省聊城市东昌府区、济宁市和曲阜市等地的有关政府部门和社会团体负责人汇聚一堂，围绕丛书编纂工作展开研讨，都表示要力争将其做成"填补国内外葫芦文化研究的空白之作"。会上，确定了丛书编纂体例和各卷编纂成员，并由中华书局出版发行。《葫芦文化丛书》从此进入了正式编纂阶段。

在接下来的时间里，编纂团队全体成员怀着崇高的使命感，为了共同的目标不辞辛苦，竭尽心智，克服时间紧张、任务繁重、头绪杂乱等诸多困难，牺牲大量的休息时间，严格按照进度要求，执行质量标准，加强协作配合，全力推进丛书编纂工作，尤其是南开大学孟昭连教授承担了两卷的编写任务，而且孟教授接手《器物卷》较晚，其困难更是可想而知。各位专家表现出的忘我奉献精神和严谨治学品格令人钦佩。特别值得一提的是，在丛书编纂过程中，我们于2016年7月和10月在中国曲阜文化国际慢城葫芦套民俗村和聊城市东昌府区分别召开了丛书推进和审稿会议，葫芦岛市葫芦山庄将于2018年第九届国际葫芦文化节承办《葫芦文化丛书》发行仪式，有关地方政府、葫芦文化产业等都给予了积极配合和大力支持。同时，山东民俗学会等单位和个人也陆续加入到我们这个大家庭中来，让我看到在中国这片土地上复兴中国优秀传统文化的希望。在葫芦文化的感召下，丛书编纂团队同心协力，共同汇聚成一股强大的精神力量，推动着丛书编纂工作一步步扎实前行，最终如期完成，倍感欣慰。

在丛书即将付梓之际，我百感交集，感激之情无以言表，对丛书编纂过程中给予亲切指导、大力支持的各有关单位和诸位领导、专家、学者与同仁表示诚挚的感谢。感谢山东省文化厅，感谢中共澜沧县委、澜沧县人民政府，感谢中共东昌府区委、东昌府区人民政府，感谢山东省"孔子与山东文化强省战略协同创新中心"，感谢现代生物学国家级虚拟仿真实验教学中心，感谢曲阜文化国际慢城葫芦套民俗村，感谢京杭名家艺术馆杨智栋馆长，感谢辽宁葫芦山庄文化旅游集团有限公司王国林董事长，感谢山东世纪金榜科教文化股份有限公司张泉董事长，感谢聊城义珺轩葫芦博物馆贾飞馆长，感谢曲阜师范大学胡钦晓教授。感谢潘鲁生先生欣然为之作序，让本丛书增色颇多，感谢丛书的顾问刘德龙、张从军、傅永聚、叶涛等诸位先生为丛书规划设计、把关掌舵，感谢中华书局金锋、李肇翔、许旭虹等同仁对丛书出版付出的心血和大力支持，感谢孟昭连、高尚榘等我尊敬的专家教授，感谢我可亲的同事们和全国各地葫芦文化同仁朋友们，感谢我不辞辛劳的学生们和无数共举此盛事的人们，言不尽意，或有遗漏以及编纂不周之处，请诸位见谅，心中感念永存！

我是幸运的，有诸位同道师友与我一起共赴理想，描绘中华葫芦文化的绚丽多姿；我们是幸运的，身处一个伟大的时代，民族复兴的滚滚春潮孕育、催生着一朵朵梦想之花。2013 年 11 月 26 日，习近平总书记视察曲阜并对弘扬中华优秀传统文化发表重要讲话。我作为孔子家乡大学的一名从事葫芦文化研究的学者，倍感振奋、倍受鼓舞，习总书记的讲话为我的研究事业指明了前进方向，提供了根本遵循。也就是自那时起，我更加清醒地认识到肩上的使命，更加系统地思考谋划葫芦文化研究事业，进而形成了"一脉两端"整体研究格局。"一脉"即中华优秀传统文化之脉，"两端"即"向上提升""向下深挖"；"向上提升"

就是将葫芦文化研究提升到贯彻落实习近平总书记曲阜重要讲话精神，推动中华优秀传统文化传承弘扬，为中华文化繁荣兴盛贡献力量的高度；"向下深挖"就是要扎根"民间""民俗""民族"的优秀传统文化，推动葫芦文化通俗化、大众化、时代化。五年后的今天，当初那颗梦想的种子已经生根发芽，吐露着新绿。我坚信，沐浴着新时代的浩荡东风，她必将傲然绽放出更加夺目的光彩！

艺术是文化之脉，文化是艺术之根——这是我从事葫芦文化研究工作的深刻领悟。一名艺术工作者只有将根基深扎在中华文化的沃壤上，其艺术创作才会厚重而不轻浮、坚定而不盲从，才会充溢着炽热而深沉的人文情怀，由内而外生发出撼人心魄的艺术力量。毫无疑问，葫芦文化研究对葫芦题材绘画创作的涵养与提升，其作用正是如此。在长期的民间探访、乡野调查、写生采风和对葫芦文化的发掘整理中，我对葫芦的形与神、意与韵、气与骨，都有了更为深切的体悟。这些慢慢累积的情感，聚于胸中，流诸笔下，使我的艺术创作更加纯粹淡然，无论是水墨的点染还是色彩的铺陈，都是我与心灵的对话，对生命的赞美，对文化的致敬。

葫芦就像一个音符，永远跳跃在我的心头。此前大半生我用尽心力去创作、收藏和研究葫芦，此后之余生亦会毅然决然地投身于葫芦文化事业之中，平生与葫芦结下的一世缘分，愈久愈深，浓不可化。九卷本《葫芦文化丛书》是一个新的起点，我会在传承与创新葫芦文化的漫漫长路上竭我所能，略尽绵薄。

是为序。

扈鲁
2018 年端午节

目　录

概

述

　　聊城风景秀美妍丽，以"水"名闻天下，东昌湖天水一色，运河穿城而过，素有"江北水城""运河古都""中国北方的威尼斯"之称。她地处齐、鲁、燕、赵故地交汇之所，地理位置非常重要，是史上有名的"江北一都"。聊城历史悠久，早在四五千年前，就出现以大汶口文化、龙山文化为代表的新石器时代文化类型，是中华文明的发源地之一。聊城文化灿烂，黄河文化、中原文化与运河文化交相辉映，传承至今的文

东昌湖

化遗产数以百计，是国家级历史文化名城。聊城具有深厚的民间文化底蕴。民间剪纸、黑陶艺术、东昌葫芦、临清票友京剧、东阿杂技、郎庄面塑、木版年画等民间艺术尤其引人注目，曾获得杂技之乡、京剧之乡、民间剪纸之乡、民间书画之乡、中国葫芦雕刻艺术之乡等称号与美誉。

东昌府区拥有悠久的历史传统，深厚的文化底蕴、便利的交通途径，并在自然资源、交通能源、旅游开发等方面也拥有得天独厚的发展优势。东昌葫芦文化以雕刻葫芦见长，传承千年，人们利用现代科学技术与市场经济提供的广阔天地，在葫芦种植、改良、销售、艺术加工、文化交流等方面得到长足的发展，取得了瞩目的成就，成为鲁西区域文化经济协调发展的典范，书写了新时期东昌葫芦文化光辉的篇章。

东昌府区是聊城市一个具有深厚历史文化底蕴的城区，1998 年由原来的县级市变迁而来。她始建于春秋时期，有着 2000 多年的历史。东昌府区东倚齐鲁大地，西窥秦山晋水，南连中原腹地，北通京津幽燕，是山东省西部的重要门户。作为鲁西地区历史上的政治、军事、经济、文化中心，东昌的战略位置十分突出，历来就是兵家必争之地。早在战国时期，聊城东昌就是齐国筑城屯兵之要地，有"居天下之胸腹""战守必资之处"之称。清代进士牛运震曾有这样的描述："太行以东，沧海以西，山之巉岩高大，兴云雨见怪物者以十数，泰岱最盛。泰岳以西，山势中断，岽嵬平衍，跨州连郡，轮蹄四达，殷阗辐辏之区以十数，东郡最盛。……夫东之为郡，撼清漕之津，据都邑之会。"

至元代，聊城地区开始建东昌路总管府治所，明代，改东昌路为东昌府，清代相沿不变，治所均为聊城（即现在的东昌府区），东昌府的政治功能得到不断强化。同时，随着元至元二十六年(1289)，南起东平、中经聊城、北至临清的会通河被开凿，并成为京杭运河的重要河段，东昌府的经济迎来了空前的发展，生机盎然，沛然难御。东昌府的治所聊城，以地涉漕柯而成为"商贩所聚之处"，出现了前所未有的繁荣，成为沿河九大商埠之一，兴盛一时，到清代中期更是以"漕挽之咽喉，天都之肘腋"名闻天下。

　　借助于京杭大运河，明清时期东昌的花生、乌枣、棉花、布匹等特产，经运河输往四面八方；南国的丝绸、茶叶、竹器、食糖，北方的松木、皮货、煤炭、杂品，又经运河源源而至，再由聊城转运周邻各地。当时繁忙的崇武驿大码头作为物资集散中心，帆樯如林、舶舫相接；岸边马车络绎，两岸店铺鳞次栉比，作坊星罗棋布，街巷纵横交错，金店、银号、书坊、笔庄、药铺、茶馆遍布城区，其商贸范围之广，可以想见。商品琳琅满目，百货灿然，当年有"金太平、银双街、铁打的小东关"的谚语传兴于世，繁荣之状，由此可见。江浙、秦晋客商为了占领市场，纷纷涌入聊城，置地买房，并傍河修建会馆，当时有山陕、苏州、武林、江西、赣江、福建等八大会馆，带动了沿河的经济繁荣。与此同时，明清时期东昌城内一些标志性建筑也先后平地而起，如光岳楼、绿云楼、昊天阁、鲁仲连台等和护国隆兴寺、敬业禅林、玉皇皋、吕祖庙等崇楼高阁和殿宇名刹。这些著名建筑吸引来很多学士文人甚至是皇帝驻足于此，如清康熙、乾隆皇帝先后四次和九次驻跸聊城，留下名篇佳作，称颂东昌之美。至今，它们有的已湮没无闻，有的成为历史遗迹（如山陕会馆），有的仍然是聊城的城市名片（如光岳楼），发挥着重要的作用。

　　另外，在清中后期，聊城东昌兴起一批新兴行业，如藏书、刻书、印刷、制笔诸业，"东昌作坊，书笔两行"就是当时的最好写照；还有一些手工业产品新贵，如雕刻葫芦、木版年画、木雕工艺、面塑、泥塑，这些产品借助便利的运河交通，远销大江南北，使东昌成为当时全国刻书、印刷、制笔等行业的重镇，兴盛于当时的雕刻葫芦、木版年画等，至今仍广为流传，成为当代聊城重要的文化发展产业和形象代言产品。

　　时至近代，随着新型交通工具的兴起和运河漕运的废弃，加上政治动乱，社会转型等多种原因，聊城经济文化的发展受到一定的影响和制约，东昌府也难幸免。进入20世纪80年代以后，随着改革开放之风的劲吹，聊城经济又迎来重生与新的发展。特别是近年来，随着改革开放的进一步深入和国际大环境的不断改善，山东省经济开发的战略重点逐步西移，外商投资的重点逐步由沿海向内地、由南方向北方延伸，从而使聊城成为中原经济开发区、山东省会都市经济圈、山东西部经济隆起带上的重要节点城市，战略地位日渐突出，区位优势更加明显。

当代聊城地处鲁西平原大地，地理位置仍然非常重要。它不仅是京津南下的重要门户，也是东部沿海地区与西部内陆省份进行经济技术交流合作的重要纽带和桥梁。京九铁路、济邯铁路、济聊馆、青银、德商高速公路和计划建设中的京九高铁、郑济高铁、聊城机场在此交汇，省道、国道纵横交错，构成纵贯南北、承接东西的"黄金大十字"。其中京九铁路是介于京广、京沪铁路之间的又一条现代化程度最高、功能设施配套齐全的交通大动脉。在公路交通线中，济聊、禹范、聊馆、聊莘、聊临等十几条省际、县际公路从市区辐射而出，四通八达，全市所有乡镇村庄都有柏油路与市区相通，形成了以聊城为中心，以干线公路为骨架，连接市与乡镇、村庄和省内外邻县的通车网络，是山东省仅次于济南的第二大公路交通枢纽。从聊城出发，一小时到达济南空港，4小时到达青岛海港，4个半小时即可到达北京。正在计划建设中的聊城军民两用机场和聊城徒骇河经德州、滨州出海通航规划，将使聊城成为中原地区又一个新的现代化水陆空交通枢纽。东昌府区作为聊城的主城区，也深受现代交通便利之惠，经济文化也迈入快速发展的新时期。

经过30多年改革开放发展，聊城发生了翻天覆地的变化，已跻身全国百强城市之列，东昌区发挥了重要作用。良好的自然条件，丰富的农业资源，为聊城市大力开发"两高一优"农业和"现代化工业"提供了非常优越的基础和条件。现在聊城市既是全国重要的商品粮生产基地、黄淮海平原小麦和玉米高产开发区，全国植棉百强县市和全国优质棉生产基地、全国著名的蔬菜基地，也是全国重要的机电化工、新能源、汽车和冶金制品基地。此外，东昌府区还以工业园区为载体，为广大投资者精心打造经商置业的理想家园，成立了嘉明经济开发区和凤凰工业园。为配合招商引资工作，营造亲商、爱商、富商的优越环境，区里成立了行政服务中心，实行"一站式"窗口服务，转变政府职能，提高政府效率。在丰富资源和各方面配套措施的有力支持下，东昌府区的经济得到了空前的发展。

聊城市东昌府区拥有丰富的历史文化遗产，其中国家级的有东昌葫芦雕刻技艺、木版年画，省级的有义安成高氏烹饪技艺、聊城八角鼓艺术、东昌毛笔制作技艺、东昌澄泥制作技艺、牛筋腰带制作技艺、魏氏熏鸡、鲁锦，市级的有郭氏纯粮白酒制作技艺、沙镇呱哒、马官屯泥人、王汝训的故事、神仙度狗铺的传说、东昌木板大鼓、东昌陶器制作技艺、东昌泥塑、东昌剪纸、东昌弦子戏等，区级的若干。

近年来，在经济改革和文化繁荣的大背景下，聊城依托深厚的历史文化底蕴和资源优势及便利交通，在旅游业、文化产业与非遗保护等方面取得长足发展，以葫芦为载体的文化产业也迎来空前的发展，特别是雕刻葫芦，更成为聊城特别东昌府区文化经济协调发展、绿色发展和全面发展的典型代表，是聊城重要的文化名片。

东昌葫芦雕刻传承千年，题材丰富、造型奇异，寓意浓厚，久负盛名，至今依然保存着独特的地域特色和艺术风格，有着很高的文化价值、学术价值和社会价值，受到社会各界的高度关注和重视。东昌葫芦雕刻经过以下三个时期：先秦至宋代的简单性雕刻工艺雏形期，明清至民国的取材广泛、技法多变、精雕细刻的成熟期，新中国成立后至今的中衰与复苏期。在明清时期，一些雅士玩家将雕刻精美的扁圆葫芦引入豢养蝈蝈等鸣虫具的改良上，是东昌葫芦雕刻技艺兴起并发展的重要阶段。

有关东昌葫芦雕刻的兴起，最常见的说法就是宋代宫廷艺人五和尚返乡刻葫芦，将其技法传入东昌，而后在此基础上不断发展。事实上，东昌雕刻葫芦之风可能是通过五和尚开创，经由一批鸣虫器玩家集体吸纳从运河水路而来的各地葫芦雕刻文化精粹，不断完善，提高技艺，大量生产，并通过水路等途径传至全国各地。在流通方便、产销两旺的背景下，东昌葫芦雕刻兴盛一时。至晚清、民国时期，东昌地区涌现出一批葫芦雕刻名家，如李文朴、郑时均、萧必衡、黄玉谷、郎发敏、陈金语、杨印台等。为了生计，当时人们纷纷从事葫芦雕刻加工行业，特别是在民国时期，出现某些村庄集体雕刻生产的情形，如大杨庄"家家雕葫芦，户户玩葫芦"。日积月累，流年沉淀，东昌葫芦在种植、加工、销售、文化内涵等方面积淀下深厚的历史底蕴、人文神韵与运作经验。作为一门优秀的民间艺术，东昌府葫芦艺术传承有序、群体稳定，并在长期的历史传承和艺术类型多元化的同时，逐渐形成了闫寺、梁水镇和堂邑路庄三大雕刻谱系，产生了各自优秀的代表性传承人。他们之间既相互独立，又相互影响，表现出各自独特的艺术风格，成为此后东昌葫芦文化发展的重要依托和巨大动力。

建国初期，东昌葫芦雕刻受到政府的高度重视，聊城工艺美术厂的葫芦工艺品出口远销到东南亚等地。"文革"期间，葫芦雕刻虽然经历了低谷期，但仍有不少民间艺人如李尚贤、杨际俊、谷运章、郝春林等人默默无闻地从事葫芦雕刻，其作品流传至今者颇多。自 20 世纪 80 年代改革开放以来，很多民间艺人重拾旧业，大力传承与发展雕刻葫芦，葫芦雕刻艺术受到普遍的关注，持续发展。进入 21 世纪，随着葫芦文化艺术节连续十届的成功举办，特别是 2008 年东昌葫芦雕刻入选国家级非物质文化遗产保护名录，东昌葫芦雕刻技艺迎来新生，民间艺匠、名家新秀不断涌现，在葫芦种植、加工、销售等方面都取得空前巨大的成就。

就政府层面而言，在最近三十多年里，特别是进入 21 世纪以来，在各级领导高度重视和大力支持下，东昌府区的葫芦艺术以葫芦为主题的文化艺术节、博物馆、中外文化交流、文化产业规划、文化研究社团等活动与机构风生水起，方兴未艾，推动了各种葫芦艺术在东昌府区扎根、发展和创新。惠民政策与文化强市的定位，使得东昌葫芦的品牌叫得更响、做得更强、走得更远。具体而言，一方面政府支持与鼓励农户扩展葫芦种植面积，支持民间艺人从事葫芦工艺品的生产、研发和销售，引导商家投资葫芦文化产业；另一方面培养葫芦雕刻传承后继人，成立葫芦文化协会，建立葫芦文化博物馆等，参加国内外葫芦文化工艺展览，举办葫芦文化艺术节，召开相关学术研讨会议，不断扩大对外宣传和交流的力度，全面打造东昌雕刻葫芦的文化品牌，积极推动葫芦经济商贸

第一届葫芦文化艺术节开幕式

与文化产业的全面发展。

　　就民间层面而论，在政府的大力支持和有力推动下，从事葫芦雕刻的民间艺人的生存环境与技艺传承条件有了很大的完善和改观，名家不断涌现，如当代李玉成、郝洪燃、于风刚、王心生、杨咏梅、王树峰等人，形成富有特色、蔚然大观的传承谱系和雕刻风格，取得了很大的发展。如在原有闫寺、梁水镇和堂邑路庄三大雕刻谱系之外，产生了新的谱系（如谷路系、江氏系等），在葫芦加工方面，各有千秋。再如在雕刻风格上，除了东昌传统的片花、刻花之外，又引进了外来的烙画、针划、镂空、浮雕、砑花、堆漆等不同工艺，形成更为丰富的东昌葫芦雕刻艺术，大大地完善和提升了原有的工艺技术与水平。在充分地汲取各地各派的雕刻技艺基础上，东昌雕刻葫芦形成自己独有的特色：第一，在构图技法上，它既具有粗犷淳朴的北方民族风格，又注重汲取民间年画、剪纸及其他工艺美术中有益的表现手法，不断拓宽表现形式的空间。第二，在整体设计与构架上，它力求开合有度，简繁有序，做到繁而不乱，简而不空，亦简亦繁，因地制宜，变化无穷。第三，在题材内容上，丰富多彩，以人物、山水和写实性的花鸟虫鱼走兽居多，尤其是人物雕刻。人物原型主要来源于四大名著的故事情节（如"桃园三结义"、"金陵十二钗"、"三打白骨精"、"武松打虎"等）、戏剧人物（如"穆桂英挂帅"、"三娘教子"、"墙头记"、"樊梨花征西"、"四郎探母"、"八仙过海"）等民间故事与神话传说等，富有浓郁的生活趣味和收藏价值，可以陶冶文化情操，提升艺术鉴赏力。

受到葫芦雕刻艺术不断发展的影响，相关的葫芦系列产业与葫芦文化在近几年也如火如荼，蓬勃兴起。特别在葫芦的种植与产品的加工及营销上，东昌府人也走在了国内同行的前列，率先建立种植基地、培育新的品种、成立葫芦公司、开辟网络销售渠道、筹建葫芦文化协会、打造葫芦文化节庆平台、创办葫芦雕刻珍品收藏馆，开启规模化市场经营和高端化文化经营双管齐下、并行发展之路，涌现出全国最大的葫芦种植基地和集散地、汪北葫芦种植大王、中国葫芦第一村、中国葫芦淘宝第一村、福禄缘公司、葫芦艺术精品博物馆等众多颇具实力与影响的经营团体及个人，不断壮大葫芦雕刻者的队伍，成为发展东昌雕刻葫芦的重要力量和坚实基础。

此外，在对外交流上，历代东昌艺术名家的葫芦雕刻作品陆续被传入新加坡、朝鲜、韩国、越南、加拿大、英国、日本、美国等国家，发扬光大东昌葫芦文化。在学界，学者们对东昌葫芦的研究从无到有，由

东昌葫芦文化协会组团参加全日本第 32 回爱瓢会（李广印摄）

浅入深，从实践考查到学理探究，无所不包，蔚然可观，促进了东昌葫芦文化的发展。在收藏界，东昌雅士收藏葫芦艺术品之风，空前兴盛，有些葫芦雕刻的藏品绝无仅有，堪称世界之最。现在，当外地游客来到聊城特别是东昌府区，葫芦文化元素触目可见，如形态各异的大小葫芦、街头公园的葫芦雕像和葫芦工艺品商店、秀色可人的葫芦宴、悦耳动听的葫芦丝音乐、匠心独裁的葫芦剪纸、现场雕刻葫芦的场景展示，更不用说一年一度的葫芦文化艺术节、盛大的全国葫芦展销会等。东昌葫芦借助现代化与国际化的时代发展东风，走遍全国，走出国门，走向世界，成为展示东昌区域文化与中华民族艺苑的一张名片、一份骄傲。毫不夸张地说，东昌府区已经成为吸纳、积聚葫芦文化的巨大磁场，也是弘扬和光大中华传统葫芦文化的道场。

总之，东昌葫芦艺术有着悠久的历史和浓厚的民间基础，备受人们的喜爱。雕刻葫芦艺术以其鲜明的特色、精湛的工艺，享誉神州大地和世界各国，被列为国家级非物质文化遗产保护名录。葫芦文化，既是东昌府成百上千从事葫芦种植和艺术者的生计之托，也是六百多万聊城人引以为豪的文化名片和艺术品牌。东昌府区社会各界人士与国内其他同道一起努力，以不同的角度向世人展示东昌府区是当之无愧、独步天下的葫芦文化艺术之乡。东昌府区在葫芦雕刻技艺、作品、生产、营销、交流等方面，名声远扬，形成一种模式，其作用和影响深远，诚如有的学者所见，它在某种程度上可以为其他地区的葫芦艺术或者其他民间艺术的生存和发展模式提供经验和借鉴。

回顾过去，东昌葫芦艺人充分利用中国现代化、科技化、市场化和世界化过程中提供的各种便利条件，得益于千年葫芦文化底蕴的滋养，薪火相传，开拓创新，在葫芦种植、改良、销售、艺术加工、文化交流等方面得到了长足的发展，取得了瞩目的成就。这使得东昌葫芦文化产业成为区域文化经济绿色发展、科学发展、协调发展的典范，书写了新时期葫芦文化经济发展的光辉篇章。放眼当下，在文化大发展、大繁荣的时代号召下，在"创新发展、协调发展、绿色发展、开放发展、共享发展"的科学发展理念的指导下，聊城市东昌府区百万人民发挥聪明智慧，开拓进取，锐意创新，将葫芦文化产业继续推向前进。展望未来，东昌葫芦文化特别是雕刻工艺的前景广阔、光明无限，在机遇与挑战并存、在不断继承传统与开拓创新中扬帆前进，必将迎接更加美好的明天。

秉承着回顾过去，立足当下，擘划未来的理念，本书在前人研究的基础上，综合利用各种资料，拟从历史文化背景、种植概况、雕刻技艺传承与发展、文化产业、节庆等各个角度，比较全面系统地梳理、展示与论述东昌葫芦文化事业的历史渊源、发展概况、主要特色、未来之路，为今后东昌葫芦文化研究和实践发展提供理论、资料和创意等方面的支持，奠定更坚实的基础。

第一章

东昌府葫芦文化背景

第一节　东昌府概述

自然地理。东昌府区作为中国民间雕刻葫芦文化艺术之乡，是聊城市主辖区之一，自古即为鲁西的重要政治、经济、文化中心。聊城地处鲁西平原，黄河下游，位于华东、华中、华北三大区域交界处，是山东省的西大门，全市总面积 8715 平方公里，总人口 594 万（2014年统计数据）。在聊城境内河流众多，中华母亲河——黄河在境内蜿蜒百里，支流金堤河从南部边境流过；徒骇河和马颊河从西南到东北贯穿全境，水源充足；纵穿多条水系的古代京杭运河也从东南到西北流经全境。

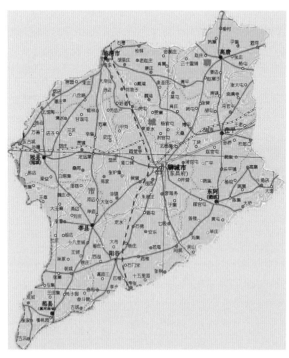

聊城市地图

东昌府区属于暖温带季风气候区，四季分明，具有显著的季节变化和季风气候特征，属于半干旱大陆性气候，春季干旱多风，回暖迅速，光照充足，太阳辐射强；夏季高温多雨，雨热同季；秋天天高气爽，气温下降快；冬季太阳辐射减弱，干旱寒冷。光照资源也比较充足，春夏季最多，年平均日照时数约为 2474 小时，有利于农作物灌浆与成熟。另外，此地地貌类型多是古黄河泛滥漫流、沉积而成的冲积平原，地势平坦深厚，且土壤质均匀，砂薪相间，保水保肥性好，水肥气热的协调，带动了各类作物大量的种植，有利于农作物产量的提高，也为东昌葫芦的种植和发展提供了优越的自然条件。

东昌府区作为聊城市的主辖区，中华水上古城就坐落于此，驰名于世的京杭大运河、徒骇河及南水北调东线工程从市区逶迤穿行，因此东昌府区有"中国北方的威尼斯"之称。在约 40 平方公里的城市建成区内，湖、河水域面积达约 13 平方公里，占城市建成区的三分之一，构成了一幅"到处小桥流水，不是江南胜似江南"的精美图画。总面积近 5 平方公里的东昌湖，是中国长江以北最大的城内淡水湖泊，波光粼粼、烟波浩渺，环抱市区，其规模和景色可与杭州西子湖媲美，有"北方西湖"之称。它与大运河、徒骇河相互贯通，形成了"城中有湖、湖中有城、

东昌湖鸟瞰图（王怀华摄）

城河湖一体"的独特水城风貌。享誉华夏的东昌古城，如一叶巨大的方舟，漂浮在万顷碧波之上。游人荡舟于东昌湖之水上，可尽览独具特色的湖城风光。

东昌湖南岸有号称"水城之眼"的摩天轮，位于聊城南部新城行政商务中心，是聊城东昌府的重要景点。作为亚洲三大摩天轮之一、全球首座建筑与摩天轮相结合的城市地标，游客坐于其上，北望聊城市区，一览"湖水相连，城湖相依，城在水中，水在城中"的水城风貌，东昌湖、中华水上古城、光岳楼、水城明珠、龙堤美食岛等景点尽收眼底；南望江北水城度假区，感受楼厦林立的现代化城市气息，凤凰苑、徒骇河、滨河大道等秀丽风光，一览无余。

经济发展。东昌府区辖7镇、5个街道办事处、2个工业园区，面积844平方公里，人口102万余。东昌府区拥有悠久的历史传统，深厚的文化底蕴、便利的交通途径，同时在自然资源、经济能源、旅游开发等方面也拥有其他城市不可比拟的优势，经济发展潜力巨大。近几年，东昌府区农业与工业持续增长，交通运输四通八达，城乡贸易异常活跃，科技教育蓬勃发展，文学艺术异彩纷呈，成就显著。

聊城是我国中原经济区东部核心城市、山东西部经济隆起带中心城市、济南都市圈副城市。聊城市地处黄河中下游冲积平原，地势平坦，土壤肥沃，自然条件优越，农业资源丰富，开发潜力巨大。境内有徒骇河、马颊河、京杭大运河三大河流贯穿南北，加之位于黄河位山灌区上游，水利资源充足。市内引黄灌渠纵横成网，排灌设施配套成龙，基本上实现了旱能浇、涝能排，水利条件优越。聊城市属于暖温带季风气候区，四季分明，光照充足，雨量充沛，适宜于多种生物的繁衍和生存。据统计，全市农作物、林果树木、畜禽、水生物及药材等资源种类共计700多种，物产资源极为丰富。得益于有利的地理、气候环境与交通条件，聊城市的农业发展很快，是全国重要的商品粮生产基地和黄淮海平原小麦、玉米高产开发区。近年来，聊城的工业也在不断的发展中。如东昌府区以工业园区为载体，为广大投资者精心打造经商置业的理想家园，成立了

东昌大桥（西关桥）

嘉明经济开发区和凤凰工业园。目前，昌裕集团、中通钢构和山水水泥等企业销售收入过亿元，中通轻客、中奥毯业等企业利税过千万元。

第二节 东昌府区历史文化

东昌葫芦文化艺术的变异与传承，发展与繁荣，既与当地的自然地理与政治经济有关，更与其自身所处的历史背景、人文环境等密切相关。巍峨壮观的光岳楼、富丽堂皇的山陕会馆、苍劲挺拔的宋代铁塔等众多名胜古迹屹立于聊城，曾经、正在也将继续见证着这座历史文化名城的发展进程。

一 悠久长远的历史传承

东昌府区历史悠久，人文璀璨，是中国历史文化名城。以它为依托的聊城是一座有着 2000 多年历史的文明古城。史载，春秋时期，广袤的鲁西平原上曾有过聊、摄等小国，聊城原为聊国都邑，城因国而得名，故曰"聊城"。后来，聊、摄二国被强大的齐国吞并，聊城遂成为齐国西部的重要城邑。战国时期，聊城为齐燕争战之地，鲁仲连射书喻燕将即发生于此，其城址在今城西北 7.5 公里。秦汉至两晋，聊城一直是县制城邑。南北朝时期，聊城为北魏之地。北魏太和二十三年 (499)，聊城县治东迁 20 公里，史称王城，为平原郡治所。隋唐五代，聊城为博州治所。后晋开运二年 (945)，黄河决口，王城淹没，州县治南迁巢陵城，其城址在今城东 8 公里处。宋淳化三年 (992)，黄河再度决口，巢陵城毁，州县治迁至今所。宋熙宁三年 (1070)，筑土为城。金代，聊城仍为博州治所。元代，聊城为东昌路总管府治所。明代，改东昌路为东昌府，聊城仍为其治所。明洪武五年 (1372)，由东昌卫守御指挥佥事陈镛主持，将宋筑土城改建为砖城。清代，聊城仍为东昌府治。中华人民共和国成

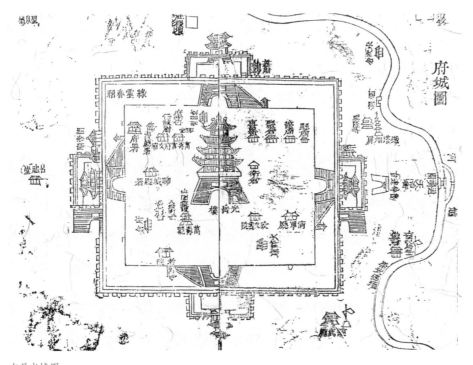

东昌老城图

立后，这里一直为聊城地区行政公署所在地。1998年，聊城地区撤区设市，原县级聊城市改为东昌府区。

明清时期，得益于京杭大运河漕运之利，聊城经济得以迅速发展，繁荣昌盛，长达400多年，创造了历史上的辉煌。

早在元朝至元二十六年(1289)，政府修葺和扩建各段运河，其中开凿南起东平、中经聊城、北至临清的会通河，成为京杭运河水系中重要的河段，之后经过多次疏浚，使载重千石的漕船得以顺利通过。会通河段穿城而过，为聊城经济文化的发展带来了勃勃生机。自明朝中期起，随着运河漕运的兴盛，聊城成为全国各地商人和货物的集散地，东西南北之间的贸易流转于此，带动了当地的经济发展，出现了前所未有的繁荣。运河帆樯如林、舶舫相接，岸边马车络绎，百货琳琅，不胜繁华。据万历《东昌府志》记载："聊城为府治，居亲武校，服食器用竞崇鲜华……由东关溯河而上，李海务、周家店、居人陈橡其中，逐时营随。"至清代乾隆至道光年间，聊城商业经济达到鼎盛，不仅成为运河沿岸九大商埠之一，而且享有"漕挽之咽喉，天都之肘腋"、"江北一都会"的美誉。南来北往的客商为了能在聊城站稳脚跟，占领市场，纷纷置地买房，修建会馆。据载，在聊城城区运河沿岸，共有山陕、苏州、武林、江西、赣江、福建等八大会馆。其中规模最大的是山陕会馆，至今保存完好，馆内18通石碑记载会馆兴建、重新扩建时捐资的商号多达953家。当时聊城商人中"西商十居七八"，以此推算，全城商业店铺应有上千家。由此可见，清代后期聊城商业贸易范围已遍及整个华北地区，辐射至全国。

明清时期，聊城商贾云集、百业兴隆。当地所产花生、乌枣、棉花、布匹，南方的丝绸、茶叶、竹器、食糖，北方的松木、皮货、煤炭、杂品，在运河崇武驿大码头一带集散、中转，销往全国各地。江浙、秦晋客商涌入聊城，山陕、江西、苏州、武林等外地商人会馆依河而建，拔地而起。东昌街巷纵横交错，沿河两岸店铺鳞次栉比，作坊星罗棋布，商品琳琅满目，金店、银号、书坊、笔庄、药铺、茶馆遍布城区，繁盛之状，

020

民国时期聊城古楼街区

不可胜书。

经济的繁荣促进了文化的昌盛。明清时期聊城文运大开，鸿儒卿相翩然鹊起，文人骚客脱颖而出。据《聊城县志》记载，这期间（东昌府区）考中状元 2 人，进士 99 人，举人 439 人。其中既有被明熹宗誉为"讲官第一"的建极殿大学士、吏部尚书朱延禧，清代首科状元、武英殿大学士兼兵部尚书傅以渐等名宦重臣，又有被清康熙帝赞为"字压天下"的状元邓钟岳等书画大家。"东昌作坊，书笔两行"。文化的昌盛，又带动了刻书、印刷、制笔业的发展。明清两代，聊城年产毛笔数百万支，所印图书远销京津、苏杭、秦晋各地，是全国刻书、印刷、制笔中心之一。清道光二十年 (1840)，江南河道总督、邑人杨以增建造了有"清代四大私人藏书楼之一"美称的"海源阁"，是当时聊城文化兴盛的重要见证。

明清时期，作为运河沿岸的繁华都市，聊城的城市规模已相当可观，"廛市烟火之相望，不下十万户"。城内既有光岳楼、绿云楼、昊天阁、鲁仲连台等崇楼高阁，又有护国隆兴寺、敬业禅林、玉皇皋、吕祖庙等殿宇名刹。沿河过往的帝王卿相、文人学士多在聊城逗留观光。清康熙帝曾四次来聊，乾隆帝东巡、南巡，九次驻跸聊城，五次登临光岳楼，前后作诗 13 首。其画师还把聊城城池、运河风光、名胜古迹绘成大幅写生画，刊入《南巡盛典》一书。对于东昌府当年所处的重要地位，清代进士牛运震有过这样一段精彩的概述："太行以东，沧海以西，山之巉岩高大，兴云雨见怪物者以十数，泰岱最盛。泰岳以西，山势中断，峁岰平衍，跨州连郡，轮蹄四达，殷阗辐辏之区以十数，东郡最盛……夫东之为郡，撼清漕之津，据都邑之会。"

在清朝后期，由于关税叠征和战乱的原因，临清商品经济迅速衰落，商人大多移到了东昌府，东昌成为山东运河两岸及腹地州县的贸易集散地。大量的农副产品、民间手工艺品在此汇集，通过大运河贩往南北各地，而由各地贩来的各种日用品也通过运河运往这些市镇，然后再运往腹地的广大城乡，实现了与其他经济区域的广泛交流。而作为在商品经济中兴起的手工业产品（如民间工艺品雕刻葫芦、木版年画、木雕工艺、面塑、泥塑等）也较为便利地通过运河交通销售到大江南北。大运河的贯通使东昌府日趋繁荣昌盛，从而推动运河沿岸大批城镇的出现，而这些城镇上兴起的集市和庙

清代四大藏书楼之一海源阁

光岳楼

会，又为人们物品的交换特别是为民间工艺品的交换提供了充足的场所和交流空间。清末，京杭运河日渐淤塞，漕运时阻时通，运量大为减少。民国初，随着津浦铁路的开通，南北货物改由铁路运输，京杭运河交通大动脉的地位被津浦铁路所取代，运河商埠——聊城繁荣昌盛的景象也随之渐渐消失。但聊城东昌府作为鲁西政治、经济、文化中心的地位却一直保留了下来。新中国成立后，东昌古城复春，迎来新的发展。1998年，县级聊城市改为东昌府区，现为聊城市委、市政府所在地。

东昌府区物华天宝，钟灵毓秀，诞生了很多著名的历史人物，如"一箭救万生"的鲁仲连、"妙语惊朝纲"的朱廷禧、"计出乾坤定"的傅以渐、"直谏惠东昌"任克溥、"书苑压群芳"的邓钟岳、"藏书富四海"

抗日将军范筑先　　　　著名学者傅斯年　　　　干部楷模孔繁森　　　　杰出检察官代表白云

的杨以增、"捐躯撼倭寇"的范筑先、"学术名中外"的傅斯年，更有身残志坚的榜样张海迪、当代领导干部的楷模孔繁森、感动中国的贵州支教者徐本禹、为公为民的检察官代表白云等时代先锋。这些聊城志士的感人事迹闪现着一种可贵的精神，流芳百年，光耀千古，激励后人奋进不已。

二　丰富多彩的文化遗产

中国地大物博、文化悠久，拥有丰富的非物质文化遗产。东昌府区的历史源远流长，地处黄河中下游，元朝至明清两代又得濒临运河之便，经济文化蔚然兴盛，是一座具有深厚文化底蕴的历史名城，具有丰富多彩的文化遗产。据殷立森主编《聊城文化遗产大观》一书介绍，聊城物质文化遗产有120余处，包括古建筑（36项）、古墓葬（22项）、古文化遗址（41项）、古代石刻（6项）[①]、近现代重要史迹及代表性建筑（20项）、主要名胜（3处）；非物质文化遗产有近80项，包括民间文学（5项）、民间美术（11项）、民间音乐（6项）、民间舞蹈（17项）、传统戏曲（2项）、曲艺（6项）、杂技（1项）、传统手工艺（11项）、民间消费习俗（8项）、文化空间（1项）、传统医药（1项）、传统竞技（2项）、

---

① 殷立森主编：《聊城文化遗产大观》，山东友谊出版社2007年版，第1—11页。

民间艺术之乡（6 项），蔚为丰富。在众多历史文化遗产中，光岳楼、山陕会馆、隆兴寺铁塔、海源阁等颇负盛名，享誉中外。自古民间谚语传说"东昌府有三美，胭脂、澄窑、古井水"，其实何止三美。这些文化遗产星罗棋布于各村庄街巷之间，形成一个巨大的文化宝库，美不胜收，而葫芦雕刻艺术为众美之一。

截至 2014 年，东昌府区拥有国家级非遗保护项目 2 项，省级 8 项，市级 35 项，区级 73 项；其中，省级非遗保护项目传承人 12 人，市级 75 人，区级 120 余人，葫芦雕刻是国家级非遗之一，传承人较多。近年，东昌府区非物质文化遗产保护中心组织"非遗进社区"和"非遗进校园"活动，使非遗在很大程度上得到较好的保护与发展。东昌府区非遗保护工作一直走在全国非遗保护工作的前列。以"非遗进校园"为例，东昌府区文广新局一直在探索有效的途径，以学生为传承主体，解决非遗断代问题，并进行可贵的实践，开展一系列富有地方特色与历史底蕴的传统工艺传承活动，如东昌葫芦雕刻、东昌年画、剪纸、澄泥等，都陆续进入聊城一些中小学教育体系与课程中，取得了很大的成果。尤其是东昌葫芦雕刻传承项目在校园推广，对于学生了解家乡文化、陶冶情操、丰富课外知识起到了关键的作用。从 2015 年开始，东昌府区加大对非遗工作的保护力度，让非遗走入校园，并在年轻人当中推广开来。2016 年在聊城水城小学揭牌成立东昌府区非遗教育传承基地，是最典型的代表。

作为聊城市首家非物质文化遗产教育传承基地，水城小学非遗教育传承基地由东昌府区教育局和水城小学投资 200 余万元、东昌府区文广新局投资 60 余万元、澄浆玉泥文化传承人投入 40 余万元共同建设，2015 年初完工，并于当年 10 月投入运行。基地建筑面积约 1000 平方米，设有非遗大讲堂、非遗多媒体教室、非遗数字保护传习中心，开展东昌葫芦、东昌木版年画、东昌澄泥、东昌剪纸、东昌八角鼓传习中心等十多个国家级、省级、市级非遗代表性保护项目的传承教学，15 名省市级传承人每周三对教师和学生进行二级传习培训，目前为全省面积最大、项目最多的非遗教育传习基地。基地重点开展葫芦雕刻和葫芦绘画传习

聊城市东昌府区
非物质文化遗产名录分布图

斗虎屯镇
1.堠崮塚的传说
2.木板烙画
3.鲁西北柏木杆唢呐

梁水镇
1.东昌木版年画艺术
2.运河秧歌
3.东昌葫芦雕刻制作技艺
4.四根弦

堂邑镇
1.东昌木版年画艺术
2.东昌葫芦雕刻制作技艺
3.白雀城的故事
4.东昌府区堂邑龙灯
5.东昌府区堂邑舞狮

闫寺办事处
1.东昌葫芦雕刻制作技艺
2.养蜂技艺 3.东昌木板大鼓

聊城市经济技术开发区
1.聊城八角鼓
2.东昌陶器制作技艺

道口铺办事处
1.尚尾巴老李的传说
2.东昌府道口铺�的故事
3.龙头凤尾花灯
4.竹马舞
5.东昌运河木刻制作技艺
6.运口铺刺绣
7.运口铺烙画
8.运口铺葫芦
9.郭庄摊戏玉皇文化艺术制品技艺
10.神仙摆勇编的传说
11.运庄竹琴

新区办事处
修氏保健烧烫伤疗法

意明经济开发区

古楼办事处
1.聊城铁公祠制作技艺
2.景氏面钵
3.刘氏杨香酒

东昌府区人民政府
1.东昌刻砖
2.聊城八角鼓
3.冯塘毛泥人彩约技艺
4.东富时鸣

闸西办事处
1.湖西原庄澄泥制作技艺
2.感庄高跷

河图办事处

张炉集镇
1.东昌弦子戏
2.周庄唢呐班
3.东昌坠琴

郑家镇

嘉兴区
1.东昌剪纸艺术
2.东昌刺绣
3.戴家唢呐
4.四根弦
5.孙庄舞龙

沙镇
1.沙镇云灯制作技艺
2.东昌古锦制作技艺
3.沙镇鹦鹉哨制作技艺
4.东昌螺制技艺（草编、苇编、柳编、瑰编、麻编、秸秆编）
5.沙镇黄屯米酒酿造技艺
6.王汝训的故事
7.红笛狮子

朱老庄乡
东昌坠琴

凤凰工业园
聊城牛筋腰带制作技艺

凤凰办事处
1.聊城牛筋腰带制作技艺
2.周店舞龙
3.周店运河龙灯制作技艺
4.狮子绣球制作技艺

许营乡
东昌木板大鼓

于集镇
木香制作技艺

活动，每个班级葫芦绘画作品各有特色，有卡通版、国画版、葫芦用具创新版等。基地不断开展系列作品教学和比赛活动，使广大师生加深了对葫芦文化的了解和喜爱，更培养了学生们创作的兴趣。

木版年画工艺

非遗教育传承基地自组建以来，聊城市及东昌府区文化、教育界的专家学者多次到基地组织研讨、座谈活动，对传习过程中出现的问题及时纠正修改。台湾教育专家林美好女士还给水城小学搭建了鲁台小学牵手友好学校，与台湾的小朋友通过视频交流手工制作，并捐赠了部分书籍；曲阜师范大学扈鲁教授专门到基地指导东昌葫芦传习工作。在第十个非遗日，基地还举办了首届国际澄浆玉泥画葫芦艺术节，受到来自美、韩以及澳大利亚等国留学生的喜爱。校园非遗传承基地在开好国家课程和地方课程的同时，重点打造非遗校本课程进校园活动，在学校制定的"自主选课"大课表中，

澄浆玉泥工艺

非遗课程以其较为成熟的活动课程模式，有效带动了其他兴趣小组、学生社团的发展。今后，学校将继续坚持"课外活动计划"的普及性、公益性、创新性等原则，挖掘社区、博物馆等周边文化资源，为学生提供形式多样、丰富多彩的校园活动。非遗传人近距离教学生画葫芦、印年画、玩澄泥、练

水城小学传习基地同学在绘画葫芦

太极，传授技艺，传播非遗知识，让青少年对非遗项目不再陌生和疏离。

水城小学剪纸传承中心不仅有自己本校的剪纸教师，还有东昌府区非遗保护中心组织聘请的剪纸传承人，他们义务为在校师生传授剪纸技艺，把传统剪纸文化作为学生兴趣来进行培养。学校还从学生们的剪纸作品中评选出优秀作品，开设了剪纸作品走廊欣赏。通过这些常态的基地建设，为广大师生建立更加广阔的学习研究、交流展演、志愿服务等多层面的活动和交流平台，让学生在耳濡目染和活动参与中感受传统文化的熏陶，从而提升非物质文化遗产保护意识。在总结水城小学前期的非遗传承教育活动经验的基础上，下一步东昌府区计划在校园中逐步建成四个"非遗进校园基地"和七个"非遗传承基地"。

第三节　东昌府葫芦文化

"葫芦文化，是中华民俗文化中具有一定意义的组成部分。"[1]寄托了美好的寓意，东昌葫芦是中华葫芦文化大家族中的佼佼者。在我国古代，葫芦有许多记载，关于其名称也有多种叫法，如"瓠"、"匏"、"壶"、"甘瓠"、"壶卢"、"蒲卢"均指葫芦。"壶"、"卢"本为两种盛酒盛饭的器皿，因葫芦的形状和用途都与之相似，所以人们便将"壶"、"卢"合成一词，作为这种植物的名称。而"葫芦"则是俗写，并不符合原意。后来人们约定俗成地写作"葫芦"，一直延续至今。在中华民族这个大家庭里，许多民族的先民都曾崇拜过葫芦，如汉、彝、白、哈尼、纳西、苗、壮等族，流传下来关于人类起源于葫芦的传说。这种葫芦母体崇拜，

---

① 钟敬文：《葫芦是人文瓜果——在96民俗文化国际研讨会上的讲话》，《民俗研究》1996年第4期。

从心理上满足了原始时代人们探求与解释人类起源问题的需要，是原始信仰中祖先崇拜的一种变异。人们把这种崇拜雕刻在石壁、陶器等物体上，形成了最早的葫芦画。

在几千年的葫芦栽培史中，葫芦已经超出作为植物学概念的葫芦，成为一种特有的文化载体。因为原始人认识自然的能力很渺小，在长期和自然斗争的过程中，形成了"万物有灵"的原始崇拜心理。而葫芦和人类的生活联系紧密，很多地区的人们逐渐把葫芦作为他们的始祖加以崇拜。中国某些民族有起源于葫芦的神话，葫芦被当作祖先的来源来看待。从文献上看，我国古代民间很早就有以葫芦等为多子象征的信仰。后来道教兴起，葫芦被纳入其宗教体系，增加了很多文化内涵。佛教的传入和流布，也给葫芦增添了新的内容。在民间传承的故事中，葫芦成为一种"灵物"。例如广泛流传的"宝葫芦"故事，讲主人拥有了宝葫芦，想要什么就可以有什么。这表现了过去贫困人民对美好生活的向往，使他们欲望得到满足的手段就是得到宝葫芦。所以如钟敬文先生所言，"葫芦是中华文化中有丰富内涵的果实，它是一种人文瓜果，而不仅仅是一种自然瓜果"。①

葫芦是非常重要的民俗文化事象。因为葫芦具有广泛的用途，且承载了人们求吉辟凶的诉求和图吉利、讨口彩的寓意。山东大学副教授赵申就提出葫芦代表的八大吉祥意义，如吉礼、吉事中为吉器；五福与宝葫芦；福、禄、万、生、升的谐音；合卺，婚礼专用吉语；葫芦多种多样造型超越吉祥图谱。②此外，葫芦谐音"福禄"，送瓜求子是我国民俗活动的重要事项，道观及佛庙也多以葫芦宝顶作为镇寺庙之灵宝。所以从民间的农工渔猎商等各行生产，到衣食住行、婚丧嫁娶的社会生活以及节日、信仰、娱乐、工艺、语言、故事传说等各个层面，葫芦都是

① 钟敬文：《葫芦是人文瓜果——在96民俗文化国际研讨会上的讲话》，《民俗研究》1996年第4期。
② 赵申：《中华葫芦文化谈略》，游琪、刘锡诚主编：《葫芦与象征》，商务印书馆2011年版，第80-83页。

非常重要的题材，被赋予了神奇的力量和美好的寓意。在全国各地的民俗事象中，有许多这方面的例子可佐证。民间葫芦主题或题材的艺术品表达出丰富的吉祥寓意，就是如此。如在民间剪纸、面塑、年画、雕刻等工艺品中，我们常见四个瓶子配四季花卉为一套的作品，其含义就是"四季平（瓶）安"，其中瓶子往往被塑造成牙葫芦的形状，从而形成"双料"的吉祥之物。又如有一种"盘长葫芦"，把吉祥图案"盘长"与葫芦结合在一起，此示福禄绵长。在民间供室内陈设的花瓶，也常以葫芦为造型。在一些节日中亦见葫芦的影子，如正月初七用葫芦祈祥求寿，七月七日戴"瓢面具"向七仙姑乞巧，端午节门前挂葫芦消灾免难，小娃娃背上、胸前戴小葫芦以祈长命富贵等。

葫芦被赋予很多功能和神话的功效，其中缘由不一而足。如从民俗文化中求吉心理观念的角度来看，葫芦的枝"蔓"与"万"谐音，每个成熟的葫芦里葫芦籽众多，人们就联想到"子孙万代，繁茂吉祥"；葫芦谐音"护禄""福禄"，加之其本身形态各异，造型优美，古人认为它可以驱灾辟邪，祈求幸福，使子孙人丁兴旺。而亚腰葫芦在外形上看由两个球体组成，象征着和谐美满，寓意着夫妻互敬互爱。民间有一种说法，如果夫妻缘薄，可以摆放一只在床头，加强夫妻情分，增加夫妻感情。葫芦还有除病之用，俗信以为只需将葫芦挂在病者的床尾，或摆放在病者的睡侧，就可以吸取病人身上的病气，使其快速康复。如果是健康人，则可以吸取其身上的晦气，提升运势。葫芦挂在大门外，则有保佑屋内人平安的作用。当然在日常生活中，葫芦的吉祥寓意不仅仅是一种纯粹的求吉心理诉求，而是人们对其广泛日常用途的衍生与升华，同样也是建立在它真切的实际功用之上。如山东微山湖，以船为家的渔民，把一个大大的牙葫芦拴在小孩腰间，就是因为它可在一定程度上保障落水小孩的安全。

总之，葫芦是我国民俗文化事象中重要的组成部分，寄托了人们美好的寓意，而这同样体现在东昌葫芦中。走入东昌府区，葫芦元素触目可见，是当地最为鲜明的文化地标之一。东昌雕刻葫芦繁荣至今，是东昌府区深厚的葫芦文化不断发展的结果。

东昌府区具有丰厚的葫芦文化底蕴与氛围，具体可表现在传说、雕刻技艺、剪纸艺术、宴席、教学、历史遗迹、现代建筑等方面。

一 葫芦的历史传说

东昌葫芦雕刻已有 600 多年的历史，明清时期，东昌府濒临京杭大运河，是鲁西平原政治、经济、文化的枢纽，商贾云集，繁盛一时，葫芦雕刻一度是运河两岸农家生产的重要商品，曾远销全国各地。作为一门优秀的民间艺术，东昌葫芦雕刻工艺传承有序、群体稳定。

关于东昌葫芦的种植与雕刻有两种说法，一说认为是张骞所传。据说在西汉张骞出使西域归来时，路过现在的堂邑镇，在此逗留，看到此地土地肥沃，非常适宜葫芦生长，遂将从西域带来的葫芦种子送给当地老百姓种植。后来人们将戏文人物、民间传说等内容雕刻在葫芦上，用于把玩和欣赏，葫芦雕刻技艺也由此流行开来。

另一种说法认为是宋代五和尚所创（五和尚少时发稀，兄弟排行第五，被乡邻称为五和尚，非真正的和尚①）。据说此人擅长绘画雕刻，在京城为人雕刻火筒。后来他告老还乡，回到现在的东昌府区闫寺办事处。当时闫寺一代盛产葫芦，五和尚便就地取材，在葫芦上雕刻出精美图案，用来蓄养自己的蝈蝈儿。后人纷纷相仿，传至今日，成为富有特色的东昌葫芦雕刻技艺。

从传统雕刻工艺发展史来看，我国的葫芦雕刻兴盛于明清时期的北方地区，尤以兰州刻葫芦最为有名②。京师一带亦流行雕刻葫芦，但多

---

① 需要说明的一点是：在现在市面所见的相关书籍等资料介绍中，关于葫芦雕刻出自宫廷艺人的说法不一，有说是宋代王和尚、宋代五和尚、古代王和尚、明代王和尚、明代五和尚。我们根据近来采访当地葫芦雕刻艺人反馈的情况，暂从宋代五和尚之说。

② 参见卞宗舜等：《中国工艺美术史》，中国轻工业出版社 2008 年版，第 384 页。孙建君等主编：《中国民俗艺术品鉴赏·雕刻卷·概述》，山东科学技术出版社 2001 年版。

为皇宫服务。东昌葫芦雕刻也在此时得到很大的发展。在京师以刻葫芦为业者中，清初制匏名手、清宫太监梁九公颇负盛名，他在各种葫芦特别是范制葫芦方面精雕细琢，所刻花纹细如毫发，空隙处有"梁九公制"的方印，技艺高超，时称"梁葫芦"。在北方兰州、京师等地葫芦文化兴盛的氛围中，处于两地之中的聊城东昌府，位于京杭大运河沿岸，坐拥东西南北交通之便，葫芦雕刻技艺不断地由外引入，渐渐得到提高和发展，山东潍坊一带闻名后世的核雕也是在这一时期兴起 。[①]

不管有多少种传说，葫芦雕刻和其他民间手工艺一样，在它的成长、成型与成熟等不同的发展过程中，既包括在历史上留下姓名者，也包括很多无名无姓者，是集体开创而来，传承延续，演进至今。在相当长的时期内，传承各类民间艺术的匠人大多文化水平不高，艺术创作与加工也处于文盲或半文盲状态，但凭着灵活的头脑和对世态炎凉的深刻体验及高超的技艺，以各种社会教化题材为素材，赋予各种加工物品以人性与个性，为人们带来把玩的快乐，也赋予普通物件以不俗的文化价值和艺术价值，葫芦雕刻也是如此。但是只要有文化水平较高、视野较开阔且有相当深厚的阅世经验者从事葫芦雕刻加工行业，很容易作出更大的成就。我们看到民国时期兰州葫芦能够得到长足发展，就与秀才出身的文化人加入此行有密切关系。这种情况至今仍然如此，一种艺术的发展必须有足够的文化力量支撑和推动，是一条铁定的规律，也需要从业者遵从，方可使葫芦雕刻艺术得到更好的发展。

另外，东昌葫芦雕刻艺术的兴盛也与其特殊的生长环境息息相关。众所周知，东昌府区位于黄河下游的鲁西平原，充足的水源、独特的土壤、适宜的气候环境便于葫芦种植，生长出来的葫芦光洁润滑，肉质肥厚，非常适宜葫芦雕刻加工。而葫芦谐音近福禄，内多籽，被民众当作吉祥物，寄托了多子、多福、多寿禄等寓意，在东昌葫芦雕刻的发展中，得到充分的运用与展现。

---

① 孙建君等主编：《中国民俗艺术品鉴赏·雕刻卷·概述》，山东科学技术出版社2001年版。

有资料显示，大约从明朝开始，聊城当地人们尝试做简单的雕刻葫芦，延绵不绝。在 20 世纪 40 年代前后，聊城东昌一带迎来一个发展的高峰期，出现大杨庄家家种葫芦、刻葫芦的情形。据梁水镇大杨庄村杨际卯老人回忆[1]，在他小时候，大杨庄村几乎家家户户都种上点葫芦，以种柿子葫芦为主。同村杨际俊、杨百银都是远近闻名的老艺人。杨际卯称"那时候在我们大杨庄，男的刻人字葫芦，女的做片花葫芦，因为片花葫芦比较快，那时候几乎每家门口都放着一簸箩的红皮葫芦，谁高兴了，拿起来就片几个"。他的爷爷是秀才，也刻葫芦，补贴家用。至今他还留着自己当年刻葫芦用的工具。当时从事葫芦雕刻行业的经济效益颇佳，手艺好的人刻一个葫芦，能换半斗麦子。还有一种说法是"挑着担子下江南，回来能买一头牛"。据东昌区闫寺姑苏村的谷运章老人回忆，当时雕刻葫芦的收入相当可观，外出卖葫芦，"这一趟几百个葫芦卖出去，回来就能买头牛"。他讲到以前片花葫芦，在闫寺一带叫挖葫芦，出门遇见年老乡邻，打招呼时总问："在家挖葫芦哩？"很少人说是刻或片葫芦。究其缘由，大概是过去片葫芦需要两种工具，一种叫片刀子，一种叫挖楞，而挖楞这种工具既能给葫芦开门，也能在片花时挖出细小的线条来。谷运章的绝活就是片花葫芦，将葫芦染成红色，以粗犷遒劲的刀法，刻出各种花纹，红白相间，非常醒目，收藏大家王世襄先生曾赞誉片花葫芦"煮红刀刻，流畅快利"。

谷运章回忆道："大杨庄那边做葫芦的多些，我们村也做，一开始在附近集上卖，解放前开始担着挑子下江南。"据老人称当时自己年轻力壮，和同村的谷学仁挑上几百个葫芦就南下了，边刻边卖，他忆及当时外出卖葫芦的情形，称"最惊险的是过黄河，我们都是自己蹚过去的，黄河浅点儿的地方水也几乎到了胸口的位置，我们就把盛葫芦的筐举起来，一步一步往前挪"。到了 20 世纪 60 年代初，每年 9 月份，葫芦下

---

[1] 本段以下四段内容的原始材料来自李广印、王涛等人在 2016 年 12 月初下乡采风调查所得，详情见本书附录四。

来之后，谷运章和当时葫芦雕刻艺人李尚贤开始北上，到北京卖葫芦，他追忆此事时说："去北京卖葫芦的时候条件就好多了，我们先把葫芦邮到北京，然后我们再坐车到济南，从济南再坐火车到北京，到当时的西城区、潘家园、天安门附近去卖，一趟下来也能挣个二三百块钱。"20世纪80年代，附近村经常去济南卖葫芦的有王怀林、刘玉琢、王良忠、大双阳、杨齐文等，去北京卖葫芦的有张以凤、张以喜、郝春林、杜得玉等。

至20世纪90年代，民间艺人仍以外出卖葫芦为主，传承与发展葫芦工艺。如杨际俊和谷运章到南京卖葫芦，杨际俊现场做刻葫芦，谷运章现场做片花葫芦。据谷运章老人回忆："我们的葫芦卖得很好，很快就能卖光，一年下来能卖两三万块钱。"但与以往不同，也是从这个时期开始，民间艺人受政府邀约，外出展演。东昌雕刻葫芦受到越来越多人的关注，名声也越来越大，有的走出国门，走向世界，将东昌葫芦文化传播、光大。东昌葫芦雕刻发展至今，已经在种植、加工、销售等相

虫具葫芦

福字蝈蝈雕刻葫芦（李玉成作品）

雕刻葫芦作品中的《红楼梦》人物

关行业全面发展，成绩骄人。如堂邑镇路庄村 **90%** 的村民都从事与葫芦相关的种植、雕刻和销售，发展成为享有"中国葫芦第一村"美誉的特色化手工业加工村，可见当地葫芦文化产业兴盛全貌之一斑。葫芦雕刻工艺也突飞猛进，取得空前的发展。

二　葫芦文化氛围

（1）葫芦雕刻

葫芦雕刻有悠久的发展历史，承载着大量民间传说，传达着社会各阶层人士的审美情趣与信仰，是人们精神世界的重要组成部分。东昌雕刻葫芦起初主要供赏玩，在装饰内容的选取上，吉祥寓意仍占有相当重要的地位。此外，所刻画的大量戏曲故事也突显了它赏玩之外的教化功用。民间艺人制作葫芦，但使用者既有普通民众，也包括那些有闲情逸趣的大商富贾和悠闲文人。葫芦上表现的历史人

葫芦雕刻品《忠义侠》（李玉成作品）

物、戏曲故事等内容，相比较于其他民间工艺品，更加丰富，如"乌盆记""水浒梁山一百单八将"等，都是如此。

（2）葫芦剪纸

聊城剪纸是聊城市东昌府区重要的非物质文化遗产之一，广泛流行于民间。在内容的设计上，聊城剪纸取材丰富，涉及范围广泛。其中，葫芦又以其美好吉祥的寓意深入民心，是当地剪纸艺术家的重要构思来源与体裁，备受青睐。剪纸葫芦，把葫芦从立体变成了画面，把实物的厚重化成了抽象的飘逸。既有葫芦的形神，也融入了剪纸的夸张和灵动，允轻允薄，体现出别样的神韵和味道。

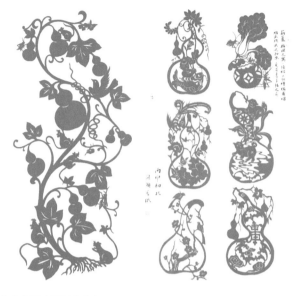

葫芦剪纸（梁颖作品）　　　　　　　　　　　　　第一届少儿剪纸大赛（梁颖摄）

为传承剪纸艺术，弘扬葫芦文化，聊城市东昌府区斗虎屯文化站站长梁颖女士在剪纸教育中心专门开设葫芦剪纸专题课程，将有关葫芦的历史典故、神话传说乃至葫芦的品种造型、文化寓意等知识融入剪纸课程之中，剪葫芦、赏葫芦，使观众在剪纸中领略葫芦文化的博大精深。

2016年8月21日，梁颖剪纸教育中心和聊城市欧龙奔驰联合组织了聊城市第一届少儿剪纸葫芦大赛，比赛主题就是剪葫芦。大赛不限形式，不限尺寸，以传统剪纸为基础，采用现场剪纸的方式进行，当场评分。共有近40名小朋友参加剪纸葫芦比赛，剪纸作品有圆形团花、方形小品、拼贴、立体等，形式多样、精彩纷呈。

为鼓励和吸引更多人关注剪纸技艺，了解弘扬葫芦文化，梁颖剪纸教育中心在东昌府区文广新局的支持下，把葫芦剪纸的课程作进一步的充实和完善，编印剪纸教材，刊印相关资料，让更多的孩子领略剪纸之美、葫芦之美。

（3）葫芦宴

葫芦被广泛应用于生产与生活中，如作盛水、酒、米、谷等物的容

义安成葫芦宴制作现场

器，作鼻烟壶、虫具、花瓶等用具和摆设。其中，食用是葫芦最原始的用途之一。葫芦富含营养价值，可经过加工而成各种食物、菜肴。葫芦的食用方法较多，炒、烩、做汤、制馅等，如辣炒葫芦条、葫芦烧肉块、葫芦汤等。在中华传统食谱中，葫芦是一道非常重要的食材。在东昌也不例外，葫芦宴历史悠久，中经衰落，但随着当地葫芦文化的升温，也渐渐受到重视，重新进入人们的视野。

2014年8月上旬，在聊城义安成鲁菜馆，央视一档乡村旅游节目《美丽中国乡村行》将葫芦宴带入众人的视野中。据悉，葫芦宴以10款大菜组成，由中国烹饪大师、高级烹调技师高文平根据葫芦的味、意、形研制出的一套创新宴席。其中有葫芦鸭、玉带虾仁、油炸葫芦盒、葫芦里脊丝、炸素肉等。葫芦宴菜品或以葫芦作为盛器，或以葫芦作食材，或以其他食材雕塑成葫芦状，使宴席既有葫芦脆嫩清香之味，又呈现葫芦玲珑俊逸之美，更赋予宴席美满吉祥之意，令食者尽享饮食和精神的双重乐趣。

央视栏目组成员在观赏并品尝葫芦宴后，交口称赞，认为这是聊城葫芦文化的一大特色，值得推广。葫芦宴作为高氏烹饪技艺的菜品之一，已被列入省级非物质文化遗产名录。随着聊城葫芦文化的繁荣，葫芦宴也将迎来新的发展天地。

（4）葫芦绘画雕刻进课堂

在葫芦文化发展的浓厚氛围中，绘画雕刻教育也在东昌渐渐兴起，聊城运河书画院就是这方面的典型代表。聊城运河书画院的前身是成立于2009年的运河博物馆艺术活动中心，2014年由聊城市民政局审批成立。书画院秉承弘扬非遗文化，传承历史文脉，涵养人文情怀，筑牢文化根基的教学理念，每周邀请东昌葫芦雕刻传承人王树峰，为书画院的学生授课，将传统葫芦绘画、葫芦雕刻融入课堂。王树峰老师为学生讲授绘画葫芦的课程，一是进行教学绘制各种图案，二是进行书法创作，三是指导学校老师用电烙铁在葫芦上进行烙画创作。在王树峰老师的指导下，同学们根据葫芦的形状特点，进行书法或绘画创作。从设计线稿到色彩搭配，他们运用自己的聪明才智，制作出精美的葫芦作品。书画院的活动激发了年轻一代对葫芦文化的热爱，为东昌葫芦雕刻的长远发展奠定了坚实的基础。

（5）其他

除上述所及，在光岳楼、山陕会馆、出土文物、公园景点、街头店面中，也可见葫芦建筑构件、饰品的影子。

①光岳楼中葫芦构件

光岳楼位于东昌古城的中央，是聊城的标志性建筑，也是目前我国现存最高大、古老的古楼阁之一，现为全国重点文物保护单位。它始建于明洪武七年(1374)，是当时东昌守御指挥金事陈镛出于"严更漏窥敌望远"的军事需要，用修城所剩的木料修建，故初称"余木楼"。后又有"鼓楼""东昌楼"之称。明弘治九年(1496)，吏部考功员外郎李赞访东昌太守金天锡，共登此楼，取其"近鲁有光于岱岳"之意，命为"光岳楼"，后沿用此名至今。①光岳楼通高33米，

---

① 参见殷立森主编：《聊城文化遗产大观》，山东友谊出版社2007年版，第23页。

外观为四重檐歇山十字脊过街式楼阁，分为墩台和主楼两大部分。其中主楼有四层，在顶层的楼脊（歇山十字脊）正中，装有一座高 3 米、直径 1.5 米的透花葫芦，[1]是聊城葫芦文化历史的生动体现。作为光岳楼建筑顶

光岳楼顶上的宝葫芦

端的重要组成，葫芦形构件早在民国时期即有，如今所见是 20 世纪 80 年代后修缮、安装而成的。

②聊城山陕会馆中葫芦构件

山陕会馆指明清时期山西、陕西两省的商贾在全国各地建立的联乡谊、祀神明之所（也称西商会馆）。在聊城，山陕会馆位于城区南部、运河西岸，为东关运河沿岸八大会馆之一，始建于清乾隆八年 (1743)，是山西、陕西商人为"祀神明而联桑梓"集资兴建的，历时 66 年，耗银九万多两。后经数次扩建、维修，传承至今。会馆占地面积 3311 平

山陕会馆楼顶上的葫芦饰件

山陕会馆镂空雕刻——八仙铁拐李手托宝葫芦

① 参见殷立森主编：《聊城文化遗产大观》，山东友谊出版社 2007 年版，第 30 页。

方米，包括山门、过楼、戏楼、夹楼、钟鼓二楼、南北看楼、关帝大殿、春秋阁等部分。[①] 聊城山陕会馆是国内唯一完好保存至今的会馆建筑，被列为全国重点文物保护单位，是清代聊城商业繁荣的缩影和见证。会馆"集中国传统文化之大成，融中国传统儒、道、佛三家思想于一体。整个建筑布局紧凑，错落有致，连接得体，装饰华丽，堪称中国古代建筑的杰作。它的石雕、木雕、砖雕和绘画工艺更是中国建筑艺术的精品"。[②]

③出土文物中葫芦饰品

在聊城出土的文物中，有不少葫芦形状的物品，如金代的葫芦形冥器、酱釉葫芦瓶等。其中有一对明代葫芦型金耳坠格外引人注目。此耳坠是 2008 年考古专家在聊城植物园发掘韩文简（曾任明朝万历年间山西按察使）墓葬的出土文物之一，非常珍贵。它为纯金质，葫芦造型，采用累丝、掐丝、炸珠等工艺制作，通体镂空，玲珑剔透，技艺精湛，表现出明代金饰制作工艺的高超水平。

明代葫芦型金耳坠

金代酱釉葫芦瓶

① 参见殷立森主编：《聊城文化遗产大观》，山东友谊出版社 2007 年版，第 30—31 页。
② 参见殷立森主编：《聊城文化遗产大观》，山东友谊出版社 2007 年版，第 39 页。

金代葫芦形冥器（征集于古城区）

④东昌公园、街头的葫芦建筑、装饰品

在聊城东昌府区的公园和街头，以葫芦为主题或题材的建筑与装饰品不时映入游人的眼帘，如葫芦岛、福禄雕塑等，也是聊城丰富多彩的葫芦文化表现之一。

东昌府区葫芦岛（刘鲲拍摄）

古城福禄雕塑品（刘鲲拍摄）

第二章

东昌府葫芦种植概况

第一节　东昌葫芦的种植地域、类别

聊城地处黄河中下游冲积平原，地势平坦，土壤肥沃，属于暖温带季风气候区域，四季分明，光照充足，雨水充沛，适合农作物繁衍生息。该地区的民众除了玉米、花生、小麦、棉花、蔬菜等作物之外，还种植一些葫芦。葫芦用途广泛，寓意吉祥，深受人们的喜爱。从明朝初年聊城就有大量种植，方圆 20 里，曾经葫芦成片，颇具规模，并形成了刻葫芦的民间习俗，逐渐影响到了菏泽、冀南等地。[①]

现在东昌府区全区辖 7 个镇、5 个街道办事处和两个工业园区，总面积 844 平方公里。葫芦产地主要以东昌府区堂邑镇为中心，辐射周边梁水镇、闫寺办事处、冠县的柳林镇、桑阿镇、辛集乡以及阳谷县郭屯等乡镇办事处，面积达数万亩之多。但昔非今比，过去葫芦种植规模可观，据东昌府区种植葫芦的老艺人介绍，东昌府现有葫芦面积与民国相比，不到十分之一，且当时葫芦市场供销两旺，亚腰葫芦、扁圆葫芦和干葫芦瓢以及经过加工的工艺品远销全国各地。

目前，东昌府种植的葫芦有数十种，主要是亚腰葫芦、蒜头葫芦、扁圆葫芦、小葫芦、油葫芦、大葫芦、麻疙瘩葫芦、冬瓜葫芦、手捻葫芦等。果实下部圆大，上部有一粗短柄的叫作"大葫芦"；形似两个球体，

---

① 董占军：《蝈蝈葫芦》，河北美术出版社 2003 年版，第 45 页。

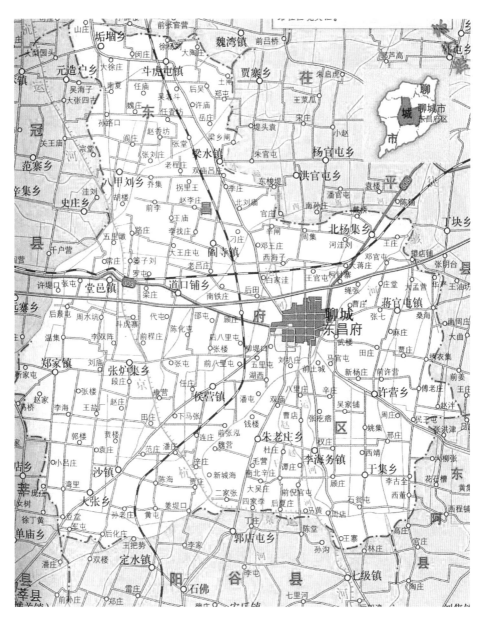

聊城东昌府区行政区划图

上小下大，中间有一个"蜂腰"的叫"亚腰葫芦"；其形圆扁者为"扁圆葫芦"；下部浑圆，上面有一根细长柄的叫"长柄葫芦"；首尾如一，其形呈不规则圆筒形的叫"瓠子"。除此之外，也种植生产部分范制

亚腰葫芦　　　　　　　　　　　　　蒜头葫芦

葫芦、挽结葫芦等，以备雕刻形态各异的鸣虫盛器、艺术造型葫芦之用。

第二节　东昌葫芦的种植与收藏

　　我国古代农业文明发达，较早进入精耕细作时代。对于葫芦种植也有较早较细的探索，并积累了不少经验。在2000多年前，西汉时期农学家氾胜之（氾水人，今山东曹县）在《氾胜之书》一书中有详述，涉及葫芦种植方面的备耕、播种、施肥、用水、管理和收割处理，列其用途（如作瓢、内瓤饲猪、育肥、种仁制烛）等。其中如何使果实增大的靠接法，被收入《齐民要术》。而在后来的《四时类要》、《格物粗谈》、《调燮类编》等农书和笔记资料中也有相关记载。因葫芦雌雄异花，杂交和果形改变概率大，又存在实用与观赏的双重需求，种植后非常注重有性繁殖中的选种与保留稳定品种。

　　葫芦是一年生蔓藤性草本植物，最喜爱温湿气候，而且生长周期较长，从播种到收获需要 5 个月以上的时间。一般来说，黄淮地区在清明前后播种，为了确保葫芦苗的成活率，最好播种已发芽的种子。首先用湿毛巾一样的粗布将种子包好，然后放到密封的窖里，温度保持在25℃—30℃左右。当然也可以直接播种到田里。将种子平放摆齐，培上 1 厘米的土，浇水，阳光出时，要加盖报纸，以防过强的阳光照射。同时，要保持土壤湿润，直到种子发芽为止。葫芦育苗的关键是要有充足的紫外线照射，发芽后，葫芦生长的最佳温度为白天 25℃—30℃，晚上 15℃以上。早上要给葫芦浇足够的水，晚上保持潮湿不干，水温不能低于 15℃。葫芦宜深耕，但绝不能为酸性土。只有所施绿肥充足，根才能扎得深，长得好，特别是在种植大葫芦、长葫芦时，深耕和施底肥显得格外重要。东昌府地处黄淮地区，具备葫芦生长周期、光照、水分和土壤等方面的基本要求，所以它以盛产品质上乘的葫芦而闻名。当地民众也摸索出一整套种植和管理葫芦的方法与经验。

据东昌府区闫寺办事处谷苏庄葫芦艺匠谷运章老人介绍："清明节前后栽上，像栽地瓜、黄瓜一样，葫芦秧需要掐芽，每一棵不能让它结的果太多，秋天收葫芦。"也就是说大约在三、四月中旬开始播种，八、九月份收获。《月令七十二候集解》载："三月中，自雨水后，土膏脉动，今又雨其谷于水也……盖谷以此时播种，自上而下也。"可见谷雨前后，天气较暖，雨量渐增，是我国北方春作物播种、出苗的最佳时节。在葫芦播种时，一般要把种粒子放进水里浸泡一天，然后去水，用湿布覆盖，再放上一两天才能种植。一亩地可播 4000 粒左右的种子，每棵秧一般能长成 3—4 个葫芦。

东昌葫芦的种植工序与其他地方大致相似，具体有以下几步：

（1）选茬整地。选茬要选择排水良好、土质肥沃的平川及低洼地或有灌溉条件的岗地。忌接着西瓜等瓜类茬种葫芦。整地指顶浆打垄，及时镇压保墒。移植垄为长口垄，垄宽 9—13 厘米，中间 7—8 条空垄也要打垄，利于灭草。

（2）浸种、催芽。品种选用日本青皮葫芦，用 40℃温水浸种 12—

处于生长初期的亚腰葫芦

24 小时，捞出后用纱布包好，甩干，并磕开浸好的甜葫芦种子。用木槽或普通的盆子，垫一层消毒的锯末或沙子，再垫上一层纱布，将浸好的种子均匀地放在纱布上，上面盖上拧干的新毛巾，盖上盖帘，蒙上棉被催芽。催芽温度一般在 25℃—28℃。每天用新刷帚撣水 2 次，要求每天捡出已出芽的种子，放在另外的盆里，置于室内阴凉的地方，控制芽的生长。

（3）苗床播种。①苗床准备。苗床底垫 8—10 厘米马粪或碎草，上面铺一层土，踩平。同时用 70% 的 0.3—0.6 克／平方米敌可松可湿性粉剂消毒，同时扣棚。待播完种子后，在苗床上再扣小棚。②营养土准备。选择没有使用过普施特、豆磺隆等除草剂的土壤，并筛好，与筛好的腐熟农家肥按 7:2 比例混拌。③装袋播种。将营养土装入 10×15 厘米的塑料袋中，并在塑料袋底 1/3 处放入 20—30 粒二铵作底肥，装满蹾实，并将营养袋底角剪开，或者在底部扎孔径为 8—10 毫米的眼 2—4 个，以便透水。用木棒在营养袋中间扎 3—4 厘米深的眼，将催好芽的种子芽眼朝下放好，覆完土后，浇水一次。播种时间以当地的季节、时令为准。

（4）苗床管理。适当浇水，不能过涝。可用辛硫磷、敌百虫拌麦麸子（毒饵）防治鼠害、虫害。及时锄草，喷施叶面肥。在真叶长到 3—4 片时开始定心，防止徒长；苗床适宜温度 25℃—28℃，夜间不低于 15℃。一般苗龄 35—40 天，栽前 5—7 天炼苗。

（5）适时移栽。①挖大穴。移栽前挖 20×20 厘米大穴，株距 1.3—1.6 米，亩保苗 80—100 株左右，每穴施 1—5 公斤农家肥和 100—250

克化肥（二铵、钾肥、镁粉比例为 3:1:1）做底肥。 ②人工移栽。移栽前把营养袋浇足水，将苗移植穴中，盖土，并浇足水。同时覆膜，抠眼放苗。也可选择双膜移栽，即移栽后加盖拱膜。

（6）田间管理。①人工锄草，及时防治病虫害。②结合追肥，耢平空垄，并铺草。每平方米用稻草或麦秸 1 公斤左右，防止草荒。在主蔓长到 50 厘米左右时，最好结合灌水，每株追施尿素 100 — 250 克，追肥不要距主根太近，防止烧根。不要将尿素散落于叶面上，防止烧叶。③顺蔓、掐尖、打杈、人工授粉。顺蔓，每株留两个主蔓。两条主蔓均横向摆在空垄上，可培一次定向土。掐尖：一级分杈，长到 3 片叶时，开始掐尖，看住并掐调二、三级分杈，主蔓掐尖在 8 月 23 日以后。人工授粉，甜葫芦一般每天上午打杈，掐尖，下午 16 时开始授粉，过了处暑以后停止授粉。一般两条主蔓结瓜 6—8 个。

在葫芦的生长过程中，有时为了丰富雕刻葫芦作品的不同造型，葫芦种植者要通过勒扎、挽结、套模等方法来改造葫芦的发育，使其最终长成勒扎葫芦、挽结葫芦、范制葫芦等形态各异的葫芦。

（7）采摘。8 月到 9 月份，在葫芦长成近似白色，表皮上的毛没有了，但还是比较重的时候即可采摘。不然，如果蔓枯黄了，葫芦就有可能掉下来砸坏。8 月上旬，开始逐渐采收葫芦。在第一茬瓜长到 7 — 9 公斤左右，原则上头一天采收，第二天先削掉瓜皮，再削瓜条。采下来后还要风干。

（8）打皮。采摘下的葫芦应刮皮晒干，避免阳光照射，放于干燥处保存。以前，人们将成熟的葫芦摘下来，放在家里，先控几天水分。再在院中支起一口大锅，锅中放水，烧开，将葫芦放在锅中煮。之后，把葫芦堆放在一起，盖上麦秸，使其发酵。然后用葫芦络子（用绳子结成的网兜）装上葫芦，去小河边，来回摇晃葫芦，以去掉表层青皮。最后，把葫芦挂起来或放在房顶上面晾晒，使其颜色变黄。现在，人们一般选择用专门的打皮机器，对刚收割的葫芦进行初步加工。

（9）收藏。等葫芦晒干变黄后，按照不同的标准，将葫芦归类收藏，

已经打皮、抛光后的葫芦　　　　　　　　　　晾晒葫芦

备日后加工之用。晒干的葫芦大体可分为三种：一是"上等葫芦"，选皮质好型正的葫芦，精工细刻，图案主要是戏剧人物、古典名著人物；二是"中等葫芦"，用料稍次，多刻花鸟、鱼虫、走兽、山水等图案；三是"花葫芦"，皮质稍差，染成红色，做片花葫芦。

第三节　东昌葫芦的特色与用途

葫芦是一种常见草本植物，在我国有着悠久的生长与种植历史，七、八千年前，浙江河姆渡一带就有小葫芦种植的遗迹。在《诗经》中也有不少关于葫芦的记载，之后延绵不绝，见载于各种文献，广泛应用于日常生产生活之中，形成蔚为大观的葫芦文化。

山东聊城市东昌府区位于黄河下游的鲁西平原，西部有著名的马颊河，充足的水资源和独特的土壤、气候，适合葫芦的种植，自古及今就以盛产品质上乘的葫芦而闻名。以前很多农户房前屋后种植，近年有专门的大面积种植，作观赏、日常生活及经济创收之用。葫芦用途广泛，可作日常盛物、食材、赏玩、装饰、药材等。供食用和做容器的葫芦较大，直径有 20 多厘米，高度在 30 厘米左右；供赏玩的则大小皆有，分圆形、中间束腰和其他形状葫芦（如范制、拼接等）。

一 东昌葫芦的特色

东昌府的葫芦表面光洁、润滑，色泽优雅，肉质肥厚，非常适宜雕刻加工。葫芦质地光滑，色泽金黄，洋溢着一股清新自然之气，给人以古朴、凝重的感觉，具有天然的审美价值，加上艺人巧夺天工的技艺修饰，散发出无穷的魅力。以前东昌以盛产小葫芦、蚰子葫芦闻名，如今引入国内外各种异地品种，培育了数十种不同类型的葫芦。主要的类型有以下几种：果实上部有一粗短柄、下部圆大的"大葫芦"，上下有两个小大不一的球体、中间有"蜂腰"的"亚腰葫芦"，形圆扁者的"扁圆葫芦"，上有细长柄、下部浑圆的"长柄葫芦"，首尾如一、呈不规则圆筒形的"瓠子"。另外，葫芦种植者还根据需要，运用套模、勒扎等方法制作特殊形状的葫芦器，即范制葫芦。它的制作方法是在葫芦初结时，将模子(即"范")套在葫芦上，使之只能在有限的空间里生长，这样老熟后的葫芦外型就变成与模子一样的形状。

二 东昌葫芦的用途

葫芦既可作为盛器、乐器、药材、兵器，又是各种艺术表现的重要载体，广泛应用于社会生产、生活和艺术等方面。东昌葫芦也具有盛器、食材、医药和审美等功用，它在某些功用方面颇具特色，如蝈蝈葫芦作为盛放鸣虫的器具闻名古今。另外东昌葫芦在现代主要以审美性质的雕刻葫芦为主，重视其商品艺术价值与经济效益。

（1）盛器：从健在的聊城老人回忆和口述资料中可知，在 30 多年前或更久远的时候，葫芦是东昌人们日常生活中盛放各种物品（如米面、

已经抛光加工的葫芦

酒水等）的重要器具。这在我国的其他地方也同样存在，而东昌葫芦作
为盛器，还有一种特殊用途，就是盛放蝈蝈、蛐蛐、蟋蟀等鸣虫，被人
们命名为东昌蝈蝈葫芦，即小而圆的葫芦。旧时，聊城人对蓄养蝈蝈有
着广泛的爱好。清末民初，聊城蓄养蝈蝈的风气甚盛，蝈蝈葫芦的销售
量也颇多，种植、制作、销售蝈蝈葫芦的村庄大都集中在城关、闫觉寺、
梁水镇三乡，如陈庄、郎庄、大杨庄、赵李王、小赵庄、拐李王、王辛、
王家庙等。这一带多为沙土地，蝈蝈葫芦极易生长，而且壳质细腻松软，
便于削刻。在众多制作葫芦的工匠中，尤以郎庄的郎发敏（外号五和尚）、
陈庄的陈金语、大杨庄的杨印台削刻的蝈蝈葫芦最为精美，刀法流畅，
堪称佳品。凡经他们之手削刻的葫芦，每只售价一块银元，有的高达三
块银元以上。产品价格如此昂贵，却依然供不应求，登门购葫芦者络绎
不绝，门庭若市，故当时三人名扬省内外。蝈蝈葫芦的画刻内容繁多，
开始时自然界花草树木的装饰形式较为多见。以后，分类逐渐增多，包

蝈蝈葫芦（朱桂英作品）

括历史故事、神话故事、传说故事、动物等各种类别，至今已经发展为
内容丰富，形式多样的成熟的艺术。①

（2）观赏：东昌葫芦是当地人的重要经济作物，从明清时期至今，
葫芦艺人们将葫芦进行艺术加工，提高它的观赏性、娱乐性、纪念性、
收藏性等，并从中获利谋生。东昌葫芦最常见的艺术加工形式有：绘花、
范制、拼接、雕刻、押花（亦称砑花）、片花、烙画等，尤其以雕刻葫
芦最具特色。各种加工形式因工具和技法不同而表现出各种差异，如烙
花、押花、刻花葫芦因以针状工具为主要手段制作，故花纹比较细腻；
而片花因采用以削为主的手法，故简约粗放。又如刻花、押花，首先要

---

① 竞放主编：《聊城方志辑要》，1995年印行（内部资料），第91-93页。此处郎发敏
　为五和尚，据本书编者在聊城所作田野调查，五和尚是古人，非近人。何说为真，还
　有待进一步考证。

在葫芦上画样，然后严格遵照稿样刻押，以免走样，达不到理想效果，这种艺术加工是针对画面比较复杂的葫芦。不管哪种工艺，技术的熟练十分关键。新手一般在制作葫芦工艺品时，由于技术不熟练，需要先画样稿，再进行制作。而一些老艺人由于经验丰富，技术纯熟，一般不需画稿样，而是直接在葫芦上刻花或押花，下刀如笔，行云流水，葫芦天地，尽显手下。还需要提到的一点是：聊城民间艺术家们通过雕刻、烙画、彩绘等各种技艺加工葫芦，有的葫芦是本地所产，有的来自他乡，近则山西、河北一带，远则兰州、新疆，再远还有来自日本、美国、墨西哥、南非等国的葫芦。来自全国和世界各地的小葫芦、鸡蛋葫芦、大葫芦、长柄葫芦等各类葫芦，都是艺术家们施展奇思妙想、横溢才华的载体，为今人奉献充满时代气息、审美情趣和文化内涵的匏艺精品。

（3）食用：甜葫芦鲜嫩的果壳、果瓤、叶、花，适用于多种烹调方法，单品或配伍，冷、热、荤、素、甘、咸，以及包纳其他菜品或作面食馅心。嫩果作酱，嫩壳制脯或削条晒干，可延长食用与保存期。从我国第一部诗歌集《诗经》开始，许多史料有关于古人葫芦饮食的记载，介绍葫芦

葫芦宴（聊城名厨高文平作品）

烹制，形成可观的葫芦饮食文化。在当今，东昌葫芦的食用价值也得到一定的开发，但规模和影响与国内其他地方相比，略逊一筹。

（4）药用：药用多指将苦葫芦作为药材入药。葫芦的藤蔓、卷须、叶、花、果瓤、膜、种仁、干壳和用旧的破瓢片等，均可入药，有一定的疗效。医书上有单方、配方的记载，以明代李时珍《本草纲目》所辑最为知名，在《中国鸣虫与葫芦》一书中收录了 30 余种葫芦药用方子[1]。在药用价值方面，东昌葫芦没有得到明显的开发，只在葫芦形状药瓶方面有所尝试，但并无成功地将葫芦入药材或制出中成药并得到认可与推广的例子。当然，在如今中医文化走向复兴的过程中，专家学者不断地走出经验论、走向现代科学技术，振兴中医药学，他们对葫芦所含成分的定性、定量分析，同时开展治疗机理、动物实验、临床研究以及新剂型设计等方面的工作。我们有理由相信，葫芦的药用价值一定会得到更多、更大的开发与推广，有新的成果问世，惠及众生。东昌葫芦应该也能做出自己应有的贡献。

第四节 东昌葫芦种植的改良与搜集

一 东昌府区外来葫芦品种的引进与改良

东昌府区既是国内各种葫芦的种植基地，也是引入其他品种、培育新型葫芦的重要平台和实验基地。而且每年都有不少外来品种葫芦输入本地，作为葫芦雕刻加工的原材料。据当地艺人介绍，在每年秋冬之季，会有很多商贩从河北、山东、山西各地收集葫芦，运送全聊城葫芦加工厂。

---

[1] 参见孟昭连：《中国鸣虫与葫芦》，天津古籍书店 1993 年版。

新品种日本油锤葫芦   新品种美国手捻葫芦

二　东昌雕刻葫芦的外地种植

东昌雕刻葫芦的原料来源广泛，涉及各种葫芦，其中有一种大葫芦尤其引人注目。这种葫芦原产于新疆，是由聊城当地人江鹏飞和其父江玉高先生远赴他乡精心培育出的品种。这种大葫芦的种植和收割，据从事新疆大葫芦培植的江氏父子介绍，大致有以下几道工序[①]：

新疆葫芦的种植

第一，选择籽粒饱满的种子放在40℃热水中快速搅拌，待水温降至约30℃时浸种12小时或用消毒液（高锰酸钾）浸泡、种子消毒后能

[①] 此处有关新疆葫芦种植方面的原始资料，由江鹏飞、王涛等人提供，亦见于本丛书植物卷。

有效防止病虫害（因新疆葫芦种子皮厚粒大，浸泡时间久了能够吸足水分，有待发芽），然后在28℃—30℃条件下催芽，5—7天出芽，不催芽直接播种也可。

第二，温棚里苗床先浇底水，种子播后覆土，使土完全覆盖种子，然后再淋一遍水。苗龄30—40天，幼苗长出3—4片湿叶（嫩叶）适当每天放风（通风），让苗能够下地后适应新环境温度。选晴朗无风天下地移栽就可以了。整地选择排水良好、土质肥沃的和有灌溉条件的土地。忌种植棉花和西瓜的土地。整地：挖沟起垅（沟的深度在50厘米，宽度在90厘米最佳），挖沟起来的垅要及时镇压保墒（土被压密实后水分不会流失太快）。用自制的挖坑器挖一个小坑，把小坑里灌满水，等水渗干后把葫芦苗放进去，然后再次浇水，用手在葫芦苗处捧起一个土堆（就是用土完全把葫芦苗包起来），第二天把土堆扒开再浇水，再次垄起土堆，直到7天后根系长好。这样是因为新疆地区气候干燥，光照时间太长，导致水分流失过快，这样做可以更好的保持土壤的湿度，现在也可覆上地膜。葫芦根系发达，入土较深，主要根群分布在20厘米—40厘米的土层中，根系横向扩大范围较大，种植时应选择土层深厚、土壤肥沃、保肥保水能力强、易排水的土壤栽种，在葫芦下地移栽前，每亩需施1000多斤农家肥（以牛羊粪为主）和100斤二胺作为底肥。一般而论，新疆葫芦种植株距一米半，行距三米半，亩栽180株左右。

第三，葫芦爬秧长出80厘米左右准备上架的时候，把葫芦秧最底部的叶子去掉，用铁锹在根部挖小沟或划开地面，用湿土埋上30厘米左右的葫芦秧，这样能让根系更发达，也能有效减少病虫害。当葫芦秧被湿土掩埋再次长到约45厘米时追肥，在高畦内挖洞或浅沟，亩追施腐熟鸡粪或其他农家肥500公斤或豆饼油渣500公斤，覆沟后浇水，葫芦地里要浇暗水，不是将水直接浇在葫芦苗上，而是先浇到旁边的水沟里，让水逐渐渗入。开花期一般不浇水，促其顺利坐果，坐果后及时追肥并浇水，此后在结果生长期可适当浇水，水分不足时葫芦生长不良，土壤湿度过大生长也不好，暴雨后及时排水，防止积水。在葫芦的整个生长期间应在幼苗、坐果前和坐果后最少深耕除草 2 遍，要求耕深、耕细、耕透以促进发根旺长，在葫芦甩秧后应及时用绳子或布条引秧上架，上架后主秧长到 1 米左右时掐尖出叉，绑秧时可将无用侧枝及枯黄老叶子剪掉，以改善内部通风透光条件。

第四，在葫芦的生长期间，主要病虫害有白粉病、病毒病和蚜虫危害等，可用 800 倍多菌灵或 600 倍粉锈宁喷施防治白粉病，用 20% 病毒 A 500 倍防治病毒病，用 40% 乐果乳油 800—1000 倍防治蚜虫。保证葫芦秧及葫芦架之间通风好，也可减少病虫害。

第五，在保证葫芦正常生长的情况下，葫芦采摘宁可晚而不可早，采摘期在寒露和霜降之间，大约在每年的 10 月中旬采摘最佳。此时葫芦秧已自然干枯，但很结实，要用剪刀来剪，要多留些葫芦秧，保证以后修整龙头。刚刚摘下来的葫芦颜色青白，采摘后如果没有黑斑点和阴皮的话，在阴凉通风处放置 10 天左右（目的是让它稍微木质化），然后再打皮。

第六，打皮。即用专门的工具，刮掉葫芦表面的绿皮。以前用竹片，也可用小刀背面、钢制格尺，现在用自制的高速电动铁刷子。首先，打皮时用力些，一定把那层粘膜与表皮一起刮掉，不然干了以后会有细细的黑印，以后很难去掉。其次，打皮时每一下都排的密密的，从上到下竖着排，最好不要横竖交叉打，要一气呵成。间歇之后会有颜色不同。再次，打完皮以后在清水中用钢丝球（洗碗用的）仔细擦洗，捞出用清水洗净。在阴凉通风处晾晒。也可适当晒晒太阳，经常变换方向，以免晒偏色，3—5 天后拿起葫芦常拍拍拍打摇晃摇晃。慢慢的能听到哗哗的葫芦籽响了。这时就基本大功告成了，再继续晾晒几天等到完全干透就行了。

第七，新疆葫芦果实生长到 130 天左右，根据不同需求可分批采摘，干燥后即可进行分类加工，然后出售，进入市场流通。

三　江氏父子新疆开辟大葫芦种植新天地

聊城葫芦传天下，各种类型，应有尽有，特别是大葫芦，深受葫芦雕刻家的青睐。虽然这种大葫芦并非本地所产，是从他乡运输而来。但它的种植和培育者却是地道的聊城人，即上文所言的江鹏飞和他的父亲。父子二人在新疆培植新品种葫芦的故事①，在聊城葫芦界广为流传。

江鹏飞生在葫芦之乡聊城，从小对葫芦有着特殊的感情。其祖上世代行医，是远近闻名的中医世家，曾把中草药放在葫芦里为病患者祛除病疫。他后来试图将"避疫葫芦"做成一个产业，颇有成效。2003年，"非典"肆虐横行，威胁生命。江鹏飞把家藏和从外面购进的价值3万余元的中草药，按照江家祖传秘方，配制成4000余个"避疫丹"香包，全部无偿地捐献给了市社会福利院、幸福老年公寓的老人和环卫工人及交警等，收效甚佳。经历此事之后，江鹏飞产生了把"避疫丹"放入雕刻葫芦里，将"避疫葫芦"做成产业的构想。当年，他就向有关部门申请注册"避疫葫芦"商标，并取得国家专利。

新疆葫芦丰收

① 此处有关新疆葫芦的原始资料，由江鹏飞、王涛等人提供，特此致谢。

　　在做避疫葫芦的过程中，为了改良当地葫芦品种，培植大个头的葫芦，他苦思冥想。一次偶然的机会，当时路庄村的葫芦雕刻大户郝洪燃拿出两个大葫芦跟他分享，说是新疆葫芦，是个稀罕物，本地种不出来。但江鹏飞觉得怎么可能种不出来，既然有这个品种他就一定能种出来，于是以每个700元的价钱买下两个葫芦，并且萌发了去新疆种葫芦的念头。当时除了江鹏飞的父亲，其他亲友都不支持他的想法。江鹏飞的几个亲戚在新疆工作，听了他的想法，极力劝阻，说从来没见过新疆有什么葫芦，而且新疆的自然环境较差、交通落后，来此自找罪受。江鹏飞的父亲虽然是一名老中医，但是对农业种植也有一定的经验，他认为只要科学种田，就一定会有收获。于是靠着一份经验和胆识，聊城江氏父子二人踏上了新疆种葫芦之路。

　　2004年春节刚过，江鹏飞和父亲踏上了前往大西北的征程，他们先后到过塔城、石河子、克拉玛依、昌吉、伊犁、和田、喀什、阿克苏

江鹏飞父亲在新疆种植葫芦

等地，在整个新疆走过了三分之二的地区，一开始根本找不到新疆葫芦的踪迹，问当地的农民，也都说没听过新疆葫芦，江氏父子非常沮丧。但江鹏飞不愿放弃，他查阅资料，坚持寻找。一天，偶然看电视时，新疆的一个民俗节目吸引了他，其中一句"新疆出门三件宝，油馕葫芦人棉袄"的唱词，令他茅塞顿开。葫芦作为新疆人的出行三宝之一，不是子虚乌有，而是真实存在过的。当他询问到一位维吾尔族老人时才明白，原来新疆葫芦之前的用途就是盛水、油等生活用品。但当塑料制品普及以后，葫芦的使用价值下降，渐渐无人再种植。现在只有一些 60 岁以上的老人才知此事。以前葫芦在维族人中叫 kapak，维吾尔文 قاپاق 。江氏父子很高兴，从一个维吾尔族老人家中买到他以前种植的葫芦，走访了很多地方，终于选择在南疆气候干旱、昼夜温差很大的一个叫做苏尔克布拉克的村子安营扎寨，租了 30 多亩的土地开始种植。

第一年种植新疆葫芦，完全按照山东葫芦的种植办法，葫芦种子温水浸泡 2 个小时，从水里捞出，再催芽，温室里育苗，最后下地栽培，栽培完开始搭架子。因为都是老葫芦出芽率并不是太高，不到 50%。但江氏父子认为只要能出芽，就算成功。但是在葫芦的生长中期，葫芦的重量太大，按以往山东种葫芦的方法搭架子，导致葫芦还未成熟，全都因为太重掉了下来，30 多亩地没有长出几个合格的葫芦，损失惨重。不过江氏父子并没有放弃，认为虽然此次葫芦没长好，但是有了更多的种子，不用到处去找寻种子，也算成功。他们还发现葫芦的瓤竟然是甜的，可以食用，除了刚开始扔掉的一些葫芦外，其他的都被干活的农民吃掉了，没有吃完的就晾晒成葫芦干。

之后，江氏父子开始计划下一年的葫芦种植，并且找到了新疆葫芦的最佳种植时节。为了防止葫芦掉落，开始他们用塑料袋兜住葫芦，但是塑料制品不透气，导致葫芦都烂底了，马上改用破纱布，最后选用了性价比最高的编织袋把葫芦兜起来，当葫芦长到 14—15 斤左右时，就兜起来，保证葫芦不会掉落。解决了旧问题，但新问题又接踵而至。第二年虽然改良了葫芦架子和葫芦生长中期用网兜兜葫芦的办法，但是最后成熟的葫芦80%都是歪葫芦，造型不佳，使用价值不高，亦不美观。江氏父子向周边的老人们取经，原来新疆风大，沙尘也厉害，有风就起土，导致葫芦授粉不均，长成了歪葫芦，于是又按照当地的搭棚方法重新种植。通过两年的摸索，从第三年开始，新疆葫芦的种植终于成功了。葫芦种植成功后，按以往的经验，采摘的葫芦需要去掉表皮，以便更好的存放，但是新疆葫芦去皮后马上就缩水，因为其密度疏松，水分流失太快，必须放上半月左右才能去皮。江氏父子在慢慢的探索中掌握了这些规律。按江鹏飞的说法，自己现在也是半个新疆通，新疆什么时候刮风、什么时候降温，他基本上都掌握其中规律，提前作好预防措施。

在新疆种植葫芦过程中，历经艰难险阻，包括运送葫芦，凶险不断，甚至九死一生。2006年年底，江鹏飞和同伴拉着两车葫芦回山东，在翻越新疆大阪山时，车坏在了山上，当时温度极低，车上四人差点丧命，后又误入沼泽、陷入冰凌，最终脱险，现在想起来，都觉得后怕。历经艰难，换来丰硕成果。目前，江氏父子在新疆的葫芦基地面积有八百余亩，

江氏父子在辽宁葫芦岛葫芦节和国际友人交流

平均亩产 200 多个葫芦，所产葫芦除一部分留作自用外，其余远销到全国各地。江氏父子在新疆种葫芦，成为近年东昌人葫芦种植过程中一段美谈与传奇。

除了在新疆种植葫芦之外，在改良葫芦种植品种方面，江鹏飞也下了不少的功夫。他认为："山东葫芦皮色光滑、硬度高，便于雕刻、烙画，但缺点是个头小；而新疆葫芦虽然皮质稍差，但个头大。如果能将两种葫芦的优点结合在一起就好了。"于是江鹏飞拜访了一些葫芦种植老户和农业专家，尝试将自己带去的东昌葫芦种子和新疆葫芦种子进行杂交。经过多次试验，终于培育出新的优良葫芦，它既有新疆葫芦的大个头，又有东昌葫芦的俊美外表。江鹏飞给它起名字为"新山一号"，目前这个新品种葫芦在新疆的种植面积已有 400 余亩。在 2010 年葫芦文化艺术节上，江鹏飞的"新山一号"大葫芦卖出了 6 万元的"天价"。这只"天价"葫芦高 83 厘米，上肚直径 35 厘米，腰围 18 厘米，下肚直径 45 厘米，刚采摘时重 50 公斤，傲人的个头、圆润的型姿为它的高身价增加了资本。

聊城东昌人在外地种植葫芦，以江氏父子在新疆种葫芦最有特色，也是培育葫芦新品种比较成功的一个例子。当然在聊城当地，也有专家从事葫芦新品种开发，这里仅举较有代表性、影响较大的一例而论。相信，以后在东昌人手中还会诞生更多、更新的葫芦品种，为东昌葫芦大家庭添丁，为中国葫芦雕刻文化艺术之乡增彩。

第三章

东昌葫芦雕刻技艺（上）

第一节 东昌葫芦雕刻技艺的历史

在我国的传统民间艺术谱系中，雕刻是一种颇具特色的造型形式。雕刻，由雕、刻两种创制方法组成，是指用各种可塑材料（如石膏、树脂、粘土等）或可雕、可刻的硬质材料（如木材、石头、金属、玉块、玛瑙等），创造出具有一定空间的可视、可触的艺术形象，借以反映社会生活、表达艺术家的审美感受、审美情感、审美理想的艺术。雕刻的基本形式有圆雕、浮雕和透雕（镂空雕）等。圆雕，是指非压缩的，可以多方位、多角度欣赏的三维立体雕塑。浮雕，是指雕塑与绘画结合的产物，用压缩的办法来处理对象，靠透视等因素来表现三维空间，并只供一面或两面观看。透雕，指去掉底板的浮雕[1]。按使用材料来分，雕刻大致有以下数类：石雕、玉雕、牙雕、木（根）雕、竹雕、砖雕、灰雕、煤雕、铜雕、锡雕、核雕等，葫芦雕刻是其中重要一类。

一般而言，葫芦雕刻由雕葫芦与刻葫芦组成。就雕葫芦作品而论，它并非单纯的雕刻或范制，而是综合应用包括雕刻、火绘、拼接、范制、堆漆等各种工艺技术，将各种大小不同、形状各异的天然葫芦，利用不同部位，加工而成，是一门综合的葫芦器工艺。常见的工艺

---

[1] 参考杜云生、王军利：《民间美术》，河北人民出版社2009年版，第40页。

多是雕刻、火绘，辅以范制等。使用的天然葫芦因材料不同、大小不等，故亦可在剖开后，利用其不同部位，重新组合成造型各异的葫芦器物。

就雕葫芦而论，主要有阳雕、透雕、阳雕平地、阳雕沙地、阴刻阳雕、双勾勒等，刀法有直刀、平推刀、外侧刀、内侧刀、顺行刀、逆行刀、挑刀、垛刀、切刀等多种形式。而这些有的是从竹雕和木刻等工艺中借鉴而来。在葫芦雕刻施刀时，要做到稳（心静气和）、准（准确度高）、轻（用力恰当）、慢（行刀缓稳）、巧（刀法娴熟）。

就刻葫芦而论，它是指在葫芦上刻字雕画，使其成为有欣赏性的艺术品。它与雕葫芦有所不同，最大的区别在于：雕葫芦是一种立体艺术，而刻葫芦全是在葫芦表面上作文章。刻葫芦的起源据说来自甘肃一带，最初人们在葫芦上飞针走刀，随意刻画出简单的花草虫鱼图案，作为观赏之用。后经过历代艺人的不断摸索、探究，不断提高工艺水平，逐渐形成了专门的刻葫芦艺术。刻葫芦原只有针法，后又创造出刀刻法，出现各种镂空葫芦。有的还创作出水墨、写意风格的名家山水画作品，并摹仿吴昌硕、任伯年、徐悲鸿、齐白石等著名画家的画韵，创造出风采独具的彩画葫芦。按现在的一种说法，二十世纪二三十年代，兰州有一位叫李文斋的民间艺人，能书善画，懂诗文，有很高的文学艺术修养，以刻葫芦维持生计，对刻葫芦工艺的进一步提高作出了很大的贡献，刻葫芦艺术由此声誉日隆，渐有"妙艺"之称，驰名京津，远销海外。

现在全国不同流派的葫芦雕刻作品，走俏市场，崭露于甘肃、山西、山东、北京、天津、云南等地。其中，山东聊城的东昌葫芦雕刻以其深厚的历史底蕴、快速的文化产业、锐意的创新实践和多元的对外交流等各方面优势，独占鳌头，在同行业的发展中首屈一指，饮誉四海。聊城市东昌府区位于黄河下游鲁西平原，得益于地理优势特别是运河交通的便利，曾以种植质量上乘的葫芦、雕刻加工蝈蝈葫芦闻名于世，明、清、民国时期，非常兴隆，为当地重要的经济产业之一。东昌葫芦雕刻用料

东昌民众雕刻葫芦场景

考究，刻工纯熟，线条流畅，图案丰富，制作精良，具有独特的民族、地区特色，其艺术风格淳朴、典雅，洋溢着浓郁的乡土气息；匀称的造型与写实手法相结合，多样的形式和丰富的内容有机结合，传承着中国传统文化的审美观念、理想情趣和精神追求。

东昌葫芦文化历史悠久，源远流长，从明清至今，曾经涌现出一批匏艺高超的葫芦雕刻名家，如李文朴、郑时均、萧必衡、黄玉谷、郎发敏、陈金语、杨印台、李尚贤、杨际俊、谷运章、郝春林等，有的技艺代代传承，相沿至今。当代李玉成、郝洪燃、于风刚、王心生、杨咏梅、路孟昆、王树峰、江春涛等民间艺术家将葫芦雕刻技艺传承、创新，发扬光大，成为东昌葫芦艺术发展的中坚力量。近年来，历代东昌艺术名家的葫芦雕刻作品陆续被传入东亚、东南亚、欧美等国家地区，成为聊城一张重要的文化名片，展现了东昌博大精深、惟妙惟肖的艺术底蕴与文化神韵。东昌葫芦雕刻艺术作为中国传统民间艺术百花苑中的一朵奇葩，在新时代大放异彩，是聊城人引以为豪的一份骄傲。

有关东昌葫芦雕刻技艺的起源，在当地民间流传着一些故事传说，以宋代五和尚引入的说法最为翔实。据说在宋代，有一位宫廷艺人五和尚擅长绘画和雕刻，年老之后，回到家乡东昌（今东昌府区闫寺办事处）。因当地盛产葫芦，他便在葫芦上雕刻精美的图案，作为蓄养自己喜爱的蝈蝈的鸣虫器，东昌雕刻技艺由此产生并渐传于后世。至明清时期，东昌雕刻葫芦蔚然兴盛，既有宋代以来各时期雕刻名家与民间艺人传承的原因，也有一些当时的历史条件使之然也。如前所述，东昌府濒临京杭大运河，是鲁西平原政治、经济、文化的枢纽，商贾云集，曾繁盛一时。得益于这种优势，当时雕刻葫芦也兴盛一时，远销全国各地，成为运河两岸农家生产的重要商品和经济来源。

20世纪60年代，因为各种缘由，东昌葫芦雕刻技艺和其他传统文化一样，被列为清理"四旧"的对象，扫地出门，陷入沉寂衰落的状态，一度濒于绝迹。直到80年代初，改革开放春风劲吹，传统文化与民间艺术迎来空前的复兴与发展，雕刻葫芦亦得以复苏、兴盛。在市场经济、民俗旅游、文化产业特别是区域性文化与经济产业大发展的影响下，葫芦加工、种植、加工、销售等得到全面发展，雕刻葫芦迎来空前的发展机会，也面临着巨大的挑战。一方面，它能够通过新的工艺技术，在数量和质量上批量生产，在经营模式上实现规模化与机械化。同时由于各种新工艺省时省力，特别是激光烙画技术的推广，学习和使用各种传统雕刻技艺的艺人锐减，其他珍贵的雕刻工艺几近失传。针对这种不利于葫芦雕刻传统工艺发展的状况，近年由东昌府区委、区政府牵头，动员各种力量，积极扶持和传承传统葫芦雕刻技艺，大力弘扬区域性非物质文化遗产，使一些专家、学者、知名艺人参与其间，共同传承与发展东昌葫芦雕刻技艺。这种多元化措施在不断实施与完善中得到强化，其成效相当显著，成果有目共睹。从2007年至2016年，东昌府区连续十次成功举办葫芦文化艺术节，特别是2008年东昌葫芦雕刻被列为第二批国家非物质文化遗产名录，东昌府区则被文化部授予"中国葫芦雕刻文化艺术之乡"的称号，东昌葫芦雕刻技艺迎来了新的发展时机。

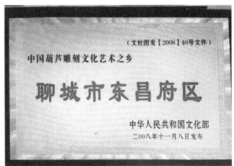

2008 年东昌葫芦雕刻被列为第二批国家非物质文化遗产名录（刘鲲摄）

2008 年聊城市东昌府区被授予"中国葫芦雕刻文化艺术之乡"的称号

东昌葫芦雕刻内容以老百姓熟悉的戏文为主，多为帝王将相、才子佳人故事，用料考究，以大葫芦、亚腰葫芦和扁圆葫芦为主，刻工纯熟，线条流畅，图案丰富，制作精良，大致分刻花、片花、针划、烙画、砑花等数种。

刻花葫芦（李玉成作品）

以《水浒传》人物为体裁的雕刻葫芦作品（刘鲲摄）

这些雕刻技艺通过艺术名家代代相传、政府大力支持、爱好人士倾心收藏、学界专门研究等多种途径，得到不同程度的继承，并有所改进。其中在民间葫芦雕刻家中，流传着许多动人的传承技艺、个人创业等方面感人的故事，展现了东昌府人挚爱传统艺术、辛苦耕耘艺苑的精神风貌。本书第三章、第四章，拟对东昌葫芦雕刻技艺的类型、相关工序、特色、特别是谱系传承等方面，逐一介绍。

第二节　东昌葫芦雕刻技艺

一　东昌葫芦雕刻工序概述

东昌葫芦雕刻技艺的工序比较复杂，大致可分选坯子、绘制、着色成品三步。

第一，备料选坯。先将成熟的葫芦采摘、蒸煮、发酵好、刮皮、醋洗、曝晒，使葫芦颜色变黄。葫芦秋熟下架后，品相端正、光滑无斑的葫芦为多数雕刻者所钟情。那些异形的葫芦也能找到自己的下家，契合他们构图的需要，全在于雕刻家的审美水平和创作灵感。在采摘和选择葫芦原料时，要注意不可采摘长得时间太长、太老的葫芦，否则皮质易于发皱；也不能采摘太嫩的葫芦，否则不利于雕刻线描。备作雕刻之用的葫芦最好是陈年已久的葫芦，因为当年的葫芦往往外部干燥，内部却是潮湿的，不宜雕刻。采摘下的葫芦经蒸煮、发酵好、刮皮、醋洗、曝晒等程序后，一直要到表面颜色接近古董画纸张的土黄色后，雕刻葫芦用的坯子才算完成。

选好的坯子，主要分大葫芦、亚腰葫芦和扁圆葫芦及其他异形葫芦等数种，它们各有用途。大葫芦用来雕刻人物和山水等题材，亚腰葫芦和花葫芦用来刻花鸟鱼虫走兽，扁圆葫芦在染红后，雕刻花纹或镂空，用来装蝈蝈或蛐蛐。其他异形葫芦，可加工成装饰用的工艺品以及杯、盘、碗、盒、笔筒、鼻烟壶、葫芦虫具等。值得一提的是，随着葫芦种植、国内外葫芦文化交流的发达，现在美国小葫芦、异形葫芦、白皮葫芦、中号葫芦、酒葫芦、蒜头葫芦等各种葫芦，也不断涌入聊城，成为葫芦工艺品坯子的重要选材。

第二，绘制雕刻。先用圆规在葫芦上、下或腹部划出若干圆线，用于固定刻画空间，而后用铁笔在葫芦上直接勾勒线条，雕成各种图案。这些图案内容以当地群众熟悉的戏文为主，多为帝王将相、才子佳人等

葫芦毛坯（陈以涛摄）

故事，也有民间传说、宗教人物、古代圣贤、山水草木、鱼虫鸟兽等。因不同的坯子的用料和内容不同，葫芦作品又大致分为三种：一是"上等葫芦"，选料精良，精工细刻，图案主要是人物、山水；二是"中等葫芦"，用料稍次，多刻花鸟鱼虫走兽；三是"花葫芦"，将葫芦染成红色，以粗犷遒劲的刀法，雕刻各类花纹。

第三，着色成品。在雕刻各种图案之后，先用一定比例的锅底灰或麦秸灰和棉油或豆油，掺和在一起，搅拌均匀，然后加入色料，涂抹在雕有图案的葫芦上，最后用布把葫芦表面的灰擦拭干净。

以上三道基本工序，环环相扣，缺一不可。其中最为关键的是第二道工序，离不开各种各样的雕刻工具。这些工具在不同的葫芦雕刻名家手中，应用自如，诞生出无数佳作。雕刻葫芦的常用工具有：定格圆规、斜口刀、直口刀、圆口刀、剪线刀、刻笔、透口器等二三十种，其中有不少都是雕刻艺人在长期生产实践中根据实际需要自行创制的，实用价值不菲。

雕刻葫芦成品

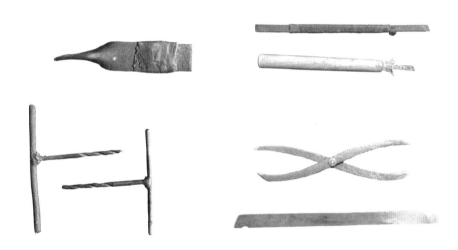

葫芦雕刻工具

　　东昌葫芦雕刻家将葫芦加工技艺代代传承，不仅提高了葫芦自身的观赏性、娱乐性、纪念性、收藏性，同时也推陈出新，精益求精，加工类型由过去针刺、片花二种发展出烙画、砑花、刻花、绘花、范制、拼接等数种雕刻加工方法，综合应用，蔚然大观，是东昌葫芦文化中最为出彩的部分。

 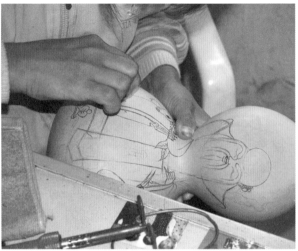

雕刻葫芦　　　　　　　　　葫芦雕刻打底：绘制图案

二　雕刻技艺种类介绍

（1）刻花葫芦技艺

刻花葫芦是用针状刀具在葫芦表面刻画出图案花纹，用的葫芦大多是扁形的小葫芦。这种工艺稍显复杂，首先在刻画之前把葫芦擦干净，以防止粘附的污渍或颗粒状物影响刀具的流畅；之后再用针状刀具刻画，刻花的纹路十分细密，不易显现花纹；然后用黑灰调水，有的还要在烟灰中加食用油，目的是使颜色附着牢固，刷到葫芦表面，或用布蘸着烟灰水擦拭葫芦，使黑灰水浸到所刻划的纹线中，以显现花纹。刻花葫芦的具体工序，如下所示：

第一步，在葫芦上用圆规打圆。

第二步，用铅笔打底稿。

第三步，用刻刀刻出图案。

第四步，把刻出的线条用自制墨搓上墨。

第五步，清洗多余墨。

第六步，清洗后显示出图案。

用圆规打圆　　　　　　　　　　　打底稿

刻出图案　　　　　　　　　　　用自制墨搓上墨

清洗余墨　　　　　　　　　　　清洗后的葫芦

雕刻两侧装饰图案　　　　　　　雕刻完成装饰图案的刻花葫芦（李玉成作品）

第七步，雕刻左右两侧装饰图案。

第八步，雕刻完成。

上述刻花葫芦制作程序比较规范，也有更简单的工序，如下所示：[①]

第一步，圆仗打圆构图。

第二步，不打底稿，以自制钢针雕刻。

圆仗打圆构图

以自制钢针雕刻

润滑葫芦

涂染料

为雕刻葫芦抛光

雕刻葫芦成品（杨中广作品）

① 原始文字材料与图片，由杨中广、王涛、李广印等人提供，特致诚谢。

第三步，通过脑发摩擦，润滑葫芦。

第四步，为葫芦涂上自制染料。

第五步，对染好的葫芦进行抛光。

第六步，雕刻葫芦作品完成。

（2）片花葫芦技艺

片花葫芦技艺，相传源于清代，至今已有300多年的历史。此工艺所需工具仅为一把片刻刀，却在艺人的手中巧工雕出百种图案。片花，亦称片刻，片是一种刀法，即用刀把葫芦的表皮削去，留下空白，再在此基础上组成各种图案，是东昌葫芦雕刻中最为普及的技艺。片花葫芦的独特之处在于原料造型，除有扁圆形葫芦之外，也有小型束腰葫芦。它的大致工序是：首先是染色，即用枣树皮熬成溶液，或用荔枝红染料兑水，将葫芦染成紫红色，非常鲜艳。其次是片刻，一般先片顶花，再片中间大花，最后片底花，整个工序全靠一把刻刀，不需其他辅助工具，刀法简练夸张，生动传神。片刻出的葫芦红底白茬，醒目艳丽，极具中国泼墨画之神韵。技艺高超的艺人在创作时多不打稿，只是将葫芦细细凝神把玩，做到心中有数。然后以葫芦表面为纸，以特质刀具为笔，开始片花。片花时，下刀用笔时紧时慢，时疾时徐，线条、刻痕多稳健沉着，轻则如缥缈游丝，隐约含蓄，重则如高山坠石，触目惊心。所到之处，人物栩栩如生，禽鸟展翅欲飞，一枝一叶雅致清丽，山山水水满目苍翠，真可谓"铁笔走龙蛇，妙手雕神奇"。片花葫芦的具体工序，如下所示：[①]

第一步，准备染料。

第二步，架锅煮开染料。

第三步，葫芦染色。

第四步，晒干。

第五步，片花前抛光。

第六步，圆规打圆。

---

① 原始文字材料与图片，由路孟昆、王涛、李广印等人提供，特此说明，并致诚谢。

准备染料

煮染料

葫芦染色

晒干上色葫芦

为彩色葫芦抛光

圆规打圆

进行片花

片花葫芦成品（路孟昆作品）

第七步，进行片花。

第八步，片花作品完成。

（3）针刻葫芦技艺

针刻葫芦，又称针刺葫芦、针划葫芦。针刻葫芦历史悠久，传承至今，遍布全国，其中以兰州针刻（微雕）葫芦最为有名。针刻花鸟、人物、山水、书法等，皆巧夺天工，精妙之至。针刻葫芦，顾名思义，就是以针代笔，利用划、刻、刺、挑等技法，在形状各异的葫芦上刻画各种图案。早在清代，东昌民间便已流行针划葫芦技艺。农户在房前屋后种植葫芦，任其自生，秋老下架，供孩童玩耍。好事者取色明、型佳、果坚、老熟的个体，刮皮阴干，打磨光洁，随意信手，刻画简单图案，做农余消遣之用。确切而言，针刻葫芦以针尖在葫芦上刻画表现各种图案，其格局图案性强，较多的是以环形图案作顶部和底部的纹饰，腹部以直线均等分割，便构成若干画面空间，其间或刻画，或刻书，也针刻书画并用。

东昌针刻葫芦所用材质主要有两种：亚腰葫芦和东昌特有的扁圆葫芦。亚腰葫芦就是我们最常见的那种葫芦，形体中等偏大，小型的较少。扁圆葫芦则是东昌当地特有的品种，这种葫芦一般形体较小，非常精致，适于微雕。针划所用的葫芦色泽是近于古董画纸张的颜色，用针一样的细刀，雕刻神话传说、历史英雄、宗教人物、诗词歌赋，花鸟虫草等，再用松墨涂抹刻痕着色，完成后的刻葫芦底色素净，图案生动，意趣古雅，闲时把玩，令人爱不释手。针划葫芦的大致工序，如下所示：①

第一步，先将葫芦洗净晾干，用玛瑙刀将葫芦表皮刮亮，用干净棉布擦亮。

第二步，用铅笔在葫芦画草图，在葫芦上勾画出图案的大小、位置等。

第三步，刻画时要求线条流畅有力，根据画面的要求，充分利用针刻的技法。

第四步，刻画完成后，填上颜色，擦掉多余的颜色。整个作品完成。

① 原始文字材料与图片，由王涛、李广印等人提供，特致诚谢。

在葫芦画草图

针刻葫芦

针刻葫芦成品

针刻葫芦工具

（4）烙画葫芦技艺

葫芦烙画，又称火画葫芦、火绘葫芦、火笔葫芦、火针刺绣葫芦，俗称烫花。最初是在木质器物上烫出种种花纹图案，后来被艺人移植到葫芦上，出现烙画葫芦。烙画葫芦技艺历史悠久。据史料记载，烙画源于西汉，盛于东汉，后由于连年灾荒战乱，曾一度失传，直到清光绪三年（1877），才被一位赵姓的民间艺人重新发现整理，流传至今。葫芦烙画以京津两地民间艺人烙制的葫芦最为精湛。近年来，随着山东聊城葫芦产业的兴起和政府部门的大力扶植推广，东昌地区涌现出众多葫芦烙画的人才，如郝洪燃、于凤刚、杨咏梅、江春涛、谭庆顺等，其作品取众家之长，又融入了当地特色，风格鲜明，形成了以聊城市东昌府区为中心的鲁派烙画。东昌葫芦烙画虽然起步较晚，但发展迅猛，在全国各大展会上，取得了不俗的成绩，成为聊城旅游产品的一张新名片。

烙画葫芦，宜取皮色较淡的新葫芦，以充分显示烙痕的浓淡变化。

如果皮色已为深褐色，那么烙痕就不明晰。传统烙画葫芦者最初所用的工具只有火针和香。香是以榆面为料特制而成，粗细如拇指，俗称"鞭杆香"，燃烧后温度很高。火针一般是自制，用钢条磨制，一端磨出尖头。将鞭杆香

烙画葫芦工作场景

点燃后，着火的一端会变得比较柔软，这时将火针插进香内，只露出尖头，作为笔尖。

烙画创作，一是需要把握火候、力度，同时也非常注重"意在笔先、落笔成形"。在进行烙花时，先将火针置于点燃的香火之上。经过一段时间之后，火针被香火炙热，产生很高的温度，即可在葫芦上绘画各种图案。随着香不断燃烧，要不断将火针往里插入一些，只露出1厘米左右的长度。为了适应多种笔法的需要，火针的端部除了锥形，还有针形刀形和铲形。针状工具用来烙曲线，刀状工具用来烙直线，铲状工具用来处理面积较大的块面和有深浅浓淡变化的晕染部位。锥形火针适应性较广，凡画面上的曲线部分均可使用。需要刀形线条，则以刀状火针绘画，而锥形火针画则不易画得直，且线条发虚。铲形针前端是个平面，作润笔之用，易画出我国国画中所特有的那种"效染"的效果。这是传统的烙画之法，优点是火针的温度较为均衡，绘画的画面浓淡相宜，别有雅致；又因为火针比较尖细，即使很精细的地方也可以很好地表现出来，并且能够产生一种工笔画的精致效果。缺点是创作者在烙画的时候，香烟缭绕，易熏人眼，影响绘者的视线。

如今，现代烙画葫芦的创作者多不再袭用传统的工艺方法，而是改

---

① 原始文字材料与图片，由王涛、李广印等人提供，特致诚谢。

用电烙铁作画。采用这种创作方法，不仅操作起来更为简便，而且也不再饱受烟熏火燎之苦，电烙铁的瓦数不同，烫出的花纹有浓淡之别，一般应该多备几把，以适应画面的不同需要。买来的电烙铁，应根据自己的需要加以改制，将烙铁头磨成不同的形状。现在有人研制一种可调温电烙铁，无需换来换去，用起来更方便。此外，还有一种更为先进的葫芦烙画技艺，即通过激光雕刻机在葫芦表面烙出各种图案、文字，比之手工烙画多少粗糙些，但适合批量生产，具有很高的生产效率，深受葫芦雕刻厂家和商家的青睐。

烙画葫芦的大致工序，如下所示[①]：

第一步，首先是选烙画素材，尽量以老画、名画、画工较好的题材为临摹对象。

第二步，选葫芦，一般采用两年以上皮质较好的葫芦进行烙画。因为葫芦经过一年的风干、日晒、把玩，颜色纯正，水分干透，适合烙画上色，绘出深浅层次。

第三步，起稿，用铅笔在葫芦上描绘出需要的图案。起稿一定要准确，线条清晰，切忌心浮气躁，急于求成，因为只有完全按照底稿来烙画，才能做出一件完美的作品。

第四步，勾线，用烙画笔轻轻烙第一遍，有一个基本的痕迹。然后用橡皮或湿布将铅笔痕迹擦掉，待葫芦干后，用尖头烙画笔烙烫全部线条。

第五步，晕染，用扁头烙画笔根据原稿调整烙画机的温度，晕染出不同层次的画面与色彩。

第六步，最后调整、修改不协调的地方，使画面更加生动自然。落上名款，作品至此完成。

主要烙画工具有：电子烙画机，电烙铁，调压器，铅笔，橡皮等。

需要注意的一点是，制作烙画葫芦不宜放置过久，因为葫芦随着时间的推移，表面逐渐变黄，直至变紫。烙画只适合在浅色葫芦上，如果

---

① 原始文字材料与图片，由王涛、李广印等人提供，特致诚谢。

选烙画素材

选葫芦

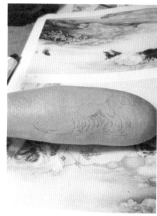
打草稿

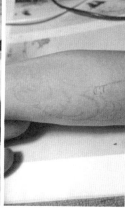
为葫芦勾线

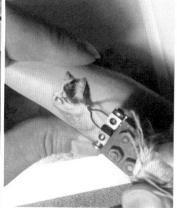
为葫芦晕染

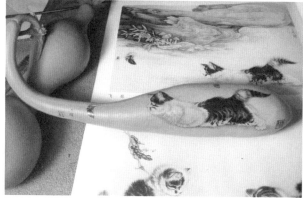

烙画葫芦成

现代烙画主要工具：电烙铁

用变黄变紫的葫芦制作烙画葫芦，烫痕不太明显，不利于艺术效果的显现。

（5）砑花葫芦技艺

砑花葫芦也称作押花、掐花。此项工艺源于明清时期，在清初已达到很高的水平。近代东昌艺人从京津地区引入这种雕刻技艺，与针划、烙画比较起来，在当地的流传范围较小。这种葫芦制作工艺是用金属刀片、玛瑙、玉、牙等制成的刀具，在葫芦表面挤押出阳文花纹，出现凹凸不平的立体感，形成花卉、山水、风景等浮雕效果，不见丝毫的斧凿痕迹，保留了葫芦表面的硬皮，可长久保存。

砑花的制作原理与雕塑中的阳雕技法非常相似，都是使用坚质钝刃的工具，如象牙、牛角、玛瑙等材料制成的钝刃器，通过押、研、挤、按葫芦表面，使其呈现出如浮雕般的花纹图案。由于砑花不伤及葫芦的皮肉，纹理清晰，层次分明，立体感强，且把玩手感极佳，因此受到赏玩家的宠爱。

砑花工艺的最大特点是不刻损皮质，纹理的产生不见丝毫斧凿痕迹，以变化丰富的印痕表现各种人物、花卉、鸟兽、山水等。真正的砑花高手还能在很小的限度内区分花纹高低、深浅、虚实，层次分明。制作砑花葫芦所用的工具，多为玛瑙厚刀，因为玛瑙刀坚固而光洁，不易损伤葫芦表皮。不过，由于玛瑙不可能制成十分尖细玲珑的刀具，用它所压制出来的花纹图案，一般显得比较粗大而简略。而对于那些异常精细的图案和花纹，就应选择其他刀具。从砑花葫芦的制作实践看，一般的半口刃篆刻刀即可胜任。选刀具需要注意两点：一是锋刃不能过于锐利，以免破坏葫芦的表皮；二是刀背尽可能的厚重一些，便于着力。

制作砑花葫芦，先在葫芦上画出所需的多种花纹图案，然后以刀刃靠近花纹的外侧，沿边缘持刀横行，挤压或擀压，形成凹凸不平的纹理图案。砑花葫芦的大致工序，如下所示：[1]

---

[1] 原始文字材料与图片，由王涛、李广印等人提供，特致诚谢。

第一步，打底稿。先把我们想要押的图案用铅笔画在葫芦上。

第二步，描稿。用尖头描刀把铅笔画好的图案描下来。 ①

第三步，用橡皮把铅笔痕迹涂掉，葫芦上留下要押的图案。

第四步，开始施刀、砑化。砑花葫芦主要有两种方法：挤压、擀压。挤压是用宽刀在图案边缘处，向两边轻轻挤压、使线条凸起。从起刀到落刀，要灵活掌握，有深有浅。在挤砑花纹时，沿着花纹边缘，以刀尖稍用力挤压，不要用力过大。砑花的力量主要用在靠花纹的一侧，另一侧基本不需用力。刀过后就会出现一条呈斜面的凹沟，靠花纹的一侧较深。花纹的另一侧也如法炮制，这样花纹就凸现出来，产生轻微的浅浮雕效果。所谓"凸现"，是与其周围被压下去的凹沟相对而言的，其实花纹并没有增高，这一点与范制葫芦上的凸起花纹完全不同。

擀压是用宽刀或大刀的斜刃，在图案空白处进行推压，使空白处凹下去，图案线条更加明显。初步擀压时，先用宽刀，要注意轻擀，不能伤到葫芦的皮质，皮质损坏就失去了砑花葫芦的价值。待浅浮雕效果出来后，再一次用大刀进行擀压，这时用力可稍重些，把空白处凹凸不平的地方擀下去。葫芦底部比较平滑，擀压时一定要擀到、擀匀。不要出现顿顿挫挫，高低顿挫不平就会破坏整体效果。在处理比较细小的图案时，也可用细刀进行挤压和擀压，使线条更加明显，图案立体感更强。

第五步，砑花葫芦作品完成。

砑花的原理虽很简单，但真正做起来并非易事，尤其是比较复杂精细的花纹图案，需要足够的耐心和细致。一般来说，在质地较软的葫芦上砑花较易，压下的凹陷较深、花纹凸起非常明显；而在质地坚硬的葫芦砑花则不太明显。这时可采取两个步骤来辅助完成砑花，一是将葫芦放在水中浸泡一两天，或抹上硅油，套上塑料袋密封半天，使其变得柔软。二是要辅以刀刻，刀刻时要注意不要挖得太深，只需稍显现出花纹的凸起即可，但是砑花的本质在于通过压制而表现创作主题，其他技法只能

---

① 需要注意的是：掌握好描刀的力度，既要在葫芦上留下清晰的印记，又不能把葫芦皮划破，因为在以后押的过程中，破皮的线一定会裂开，影响作品的观赏性。

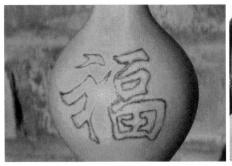

打底稿

描稿

施刀、矸花

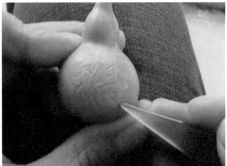

矸花

矸花葫芦成品

为辅，不应喧宾夺主。

在砑花这种工艺制作中，两手的配合很重要，左手握葫芦，右手持砑花工具，根据花纹图案的要求，不时转动葫芦。砑花需要力量，只用左手握葫芦不很稳定，艺人们就坐在板凳上，将葫芦贴靠在腿上砑花，熟练的艺人一天能制作五六个，但画面复杂，线形较多的，一天只能做一两个。和烙画一样，砑花葫芦也不适于长时间把玩，如果在把玩的时候稍不注意，比如用力过大，就很容易对葫芦上的花纹造成损害，一定要多加注意。

（6）其他类型葫芦技艺

①范制葫芦

范制葫芦通过模具套用、绳索勒扎、相互挽结等方式，使葫芦成长为各种形态，以创作出不同造型的葫芦作品。范制葫芦在东昌府比较少见，但这种工艺历史也较久远，在明清时期就有。至清代乾隆时期，官方流行范制的蝈蝈葫芦对东昌府范制葫芦有一定影响。范制葫芦的做法是先制作模具，范制葫芦对模具的制作特别讲究，要用上等木材雕刻而成，不仅内壁花纹雕刻精致，其外壁还进行髹漆彩绘、描金画纹。传统的都是木制，现大多用橡胶、玻璃钢、硬塑料等材料做成。使用时选取生长中的幼小葫芦，套在模中，让它在限定的空间中生长，长成后摘下即可。如果是瓶、尊、壶等造型，长成摘下后，再切除口部，并在口部镶嵌或涂上漆料，便于使用。

②拼接葫芦

拼接葫芦，工艺比较复杂，制作者少，产量也少。做法是利用大小不等、形状不同的葫芦，通过切割、粘合组装成某种形状的器物或赏玩工艺品。

③彩绘葫芦

彩绘葫芦是用毛笔类工具蘸着颜色，直接在葫芦上画花，这种工艺在东昌府区比较少见，并且后来的绘花葫芦发展成为以葫芦代纸，在上面绘制花鸟、人物、山水，如同中国画作品。

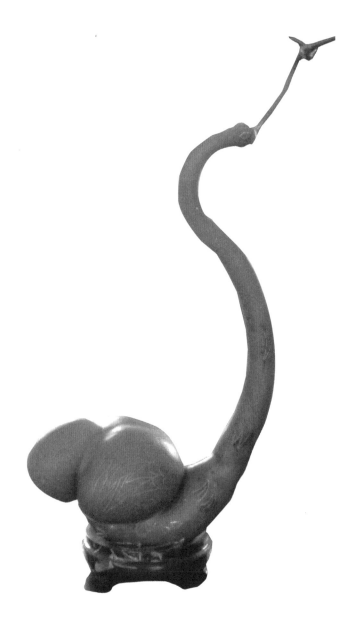

挽结葫芦艺术品

结　语

东昌葫芦的主要雕刻技艺，大致介绍如上。由于工艺技术的不同，东昌葫芦有不同的艺术特点，就工艺看，因为以针状工具为主要制作用具，花纹比较细致，而片花采用以削为主的手法，显得简约粗放。但不管哪种工艺，技术的熟练十分关键。且在实际的葫芦艺术加工中，需要配合各种技艺，综合运用，下刀如笔，行云流水，葫芦天地，尽显手下，美不胜收。东昌葫芦雕刻的特色，大致而论，有如下两点：

其一，在构图技法上，它既具粗犷淳朴的北方民族风格，又注重汲取民间年画、剪纸及其他工艺美术中有益的表现手法，不断拓宽表现形式的空间。在整体设计与构架上，它力求开合有度，简繁有序，做到繁而不乱，简而不空，亦简亦繁，因地制宜，变化无穷。一般的葫芦雕刻技法是"刻"或"片"，只在葫芦表面上做文章，并不刻透。而东昌葫芦雕刻技法的最出彩之处是在做足做好"刻"或"片"功夫的基础上，又大胆借鉴"镂雕"技法，将构图以外的空白部分全部镂空，透刻上折线纹、如意纹、古钱纹等各式花纹，不仅改善葫芦的透气传声性能，也增强了整体审美效果。正因为此，东昌葫芦的各种雕刻技艺闻名当世，以其悠久深远的历史底蕴与海纳百川的融汇精神，传承至今，发扬光大。

其二，在题材内容上，丰富多彩，以人物、山水和写实性的花鸟虫鱼走兽居多，尤其是人物雕刻。如有以四大名著的故事情节构思入画的，桃园三结义、金陵十二钗、三打白骨精、武松打虎等；有从戏剧人物中进行挖掘的，穆桂英挂帅、三娘教子、墙头记、樊梨花征西、四郎探母等；有以"八仙过海"等民间故事、神话传说等为主题的，林林总总，不计其数，既富有浓郁的生活趣味，又具有一定的收藏价值，可陶冶情操，怡情悦性。还有一类比较特殊的雕刻葫芦，即展现夫妻生活场景的春宫葫芦，它多取材于《金瓶梅》中西门庆与潘金莲的故事，有八幅画、十二幅面、二十四幅面等类型，以针刻为主，刻法细腻流畅。作为民间性文化的乡土教材，春宫葫芦颇受民众欢迎，曾被作为陪送的嫁妆流传

拼接葫芦

彩绘葫芦

镂空葫芦

于世。但随着时代的发展和传统伦理观念的约束，在雕刻这种葫芦的老艺人去世后，已经无人再继续传承，此类题材的葫芦面临凋零衰亡。

第四章

东昌葫芦雕刻技艺（下）

第一节　东昌雕刻葫芦技艺传承概况

东昌葫芦艺术历经千年的传承与演变，依然保持着独特的民族、地区特色和艺术风格。在 20 世纪初，聊城地区蓄养蝈蝈的风气兴盛，种植、雕刻和销售葫芦逐渐成为重要副业，以葫芦为业的人逐年增加。因葫芦生长特别喜爱沙土环境，故聊城葫芦的种植和雕刻主要集中在城关、闫觉寺、梁水三地，如陈庄、郎庄、大杨庄、赵李王、拐李王、小赵庄、王辛、王家庙、谷苏庄、李什庄、孟庄、路庄等，这些地方生长的葫芦壳质细腻松软，便于削刻。①在 20 世纪三四十年代，东昌府地区的雕刻葫芦业非常兴盛，有广泛的群众基础，据年长者回忆，当年大杨庄家家刻葫芦，据此可以推想当地雕刻葫芦的盛势。在这样的背景下，当地涌现出很多葫芦雕刻艺人名家，如李文朴、郑时均、萧必衡、黄玉谷、郎发敏、陈金语、杨印台等，有的被当地行业艺人称为"师爷"。在众多刻葫芦工匠中，郎庄的郎发敏、陈庄的陈金语、大杨庄的杨印台等雕刻的葫芦图案最为精美，刀法熟练流畅，乃葫芦工艺中的佳品。在 20 世纪 30 年代，每只售价 1 个银元，且供不应求，经济效益相当可观。在当时聊城有一条以梁水镇、闫寺办事处为中心，包括堂邑镇、柳林镇等地在内的葫芦种植与雕刻地带，大部分在如今

---

① 董占军：《蝈蝈葫芦》，河北美术出版社 2003 年版，第 46 页。

李尚贤作品

刘书文作品（赵雅军摄）

的东昌府地区。建国后，东昌一带葫芦雕刻仍非常盛行，出现了一些比较著名的民间艺人，如李尚贤、杨际俊、刘书文、郝春林、谷运章、李玉成等。这些前辈的作品得以传世，被葫芦艺术家和爱好者珍藏，成为众多葫芦雕刻者学习模仿的重点对象。

作为一门民间艺术，东昌府葫芦雕刻传承有序、群体稳定、雕刻艺人们在家族和师徒之间传习技艺，互相学习交流，并借鉴国内外其他同行的工艺技巧，不断融入现代元素，寻找创新与发展的有效途径，逐步形成以闫寺办事处、梁水镇和堂邑路庄三大地为主的东昌葫芦雕刻传承谱系，蔚然大观，在国内罕有其比者。

闫寺葫芦雕刻传承谱系以李玉成等人为代表，擅长雕刻"八仙过海""二龙戏珠""武松打虎"以及《西游记》《三国演义》等古典名著和民间传说等题材图案，其作品多次在国内获奖。

梁水镇葫芦雕刻传承谱系以王心生、杨咏梅、路孟昆、江鹏飞等人为代表。王心生喜刻吉祥图案、人物、山水，雕刻技法以片葫芦和戏葫芦为主,尤精于片葫芦。杨咏梅继承其祖父杨连增雕、刻、镂、烙、片、漆、描等手法,作品用力恰当,行刀缓稳,线条流畅,刀法娴熟,图形唯美。路孟昆初习烙画,后转习其他技法,尤其擅长和喜欢片花,其刀工流畅婉转,繁简有度,张弛有序,因葫芦制宜,擅长雕刻片花葫芦,刀法自然、精美,并创作了大量图形和字体。江鹏飞早年涉猎葫芦雕刻与加工,后转至葫芦种植,也有一定的特色。

堂邑路庄葫芦雕刻传承谱系以郝洪燃、于凤刚等人为代表,其雕刻手法是片、雕、镂并重,尤其精于戏葫芦。在色彩运用上,前人多用黑色,他们多色并用。在传承与发掘传统雕刻、烙画和浮雕的同时,融入一些新工艺,开发葫芦茶具、灯具等实用器具。

从以上介绍中,我们可以看出东昌葫芦雕刻三大谱系之间相互交叉、相互借鉴、相互影响,也各有自身特点与擅长技艺,下面对各谱系的传承人情况,逐一介绍。

一 民间艺人谱系传承

(一)闫寺雕刻谱系代表性传承人

李玉成,男,1956年生,东昌府区闫寺办事处李什村农民,从小就生活在家族雕刻葫芦的浓厚氛围里,长大后他特别喜欢美术和雕刻,长期从事葫芦雕刻的传承与创作。李玉成的家族雕刻葫芦历史悠久,据他所述,明朝初年,一李姓人家从外地迁至东昌府,将自家的葫芦雕刻技艺带到此处。李什庄的第二十世祖李道立,是李氏葫芦雕刻史上的一位关键人物。在此之前,李氏葫芦雕刻多以单一片花、单幅画为主,而继承父业的李道立则在一个葫芦的四面,雕刻出戏剧人物或花鸟鱼虫,线条流畅、构图传神。经他之手雕刻出的鸟儿几欲飞出,雕刻出的戏剧人物身法步眼、行走坐卧及相关景物摆设仿佛真的一般,让人爱不释手。在李道立的带领下,李什庄的雕刻葫芦卖到了北京、天津、南京、西安等地,在全国都有一定的影响。1919年出生的李尚贤,是李道立的长孙,

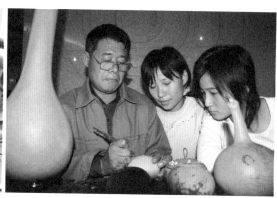

李玉成雕刻葫芦场景　　　　　　李玉成在传授葫芦雕刻技艺

受祖父熏陶，9岁学艺，16岁出道。他不仅可以在一只葫芦上刻出四出戏、"八仙人""武松打虎"等传统图案，还创造了范制葫芦、镂空雕刻葫芦等，把东昌葫芦雕刻技艺发展到一个新阶段。后来，李尚贤被授予"民间艺术家"称号，并有8件作品被故宫博物院收藏。

1989年，李玉成师承李尚贤等前辈，学习雕刻技艺，反复观察、揣摩每一件作品，精心收集绘有各种图案的葫芦样本，不断练习，倾心研究葫芦雕刻技艺。在最初五年，他画了3000多张素描，刻坏了5麻袋葫芦。经过多年的精雕细琢和锻炼，他渐渐形成自己的风格，成为东昌葫芦雕刻领域的佼佼者，获得世人的好评，多次参与对外文化交流，为国争光。李玉成在传承葫芦雕刻技艺的同时，培养了大批传承人，如省级传承人青年代表王树峰、葫芦收藏家贾飞等。

（二）梁水镇葫芦雕刻谱系代表性传承人

在东昌府区梁水镇杨庄村、后王村、大杨庄等地，活跃着一批雕刻葫芦艺人，如杨际俊和杨中广父子、王心生、杨咏梅等人。他们或擅长戏葫芦，或以片葫芦见长，是东昌雕刻葫芦传承谱系中非常重要的一部分。

王心生，男，1958年生，聊城东昌府区梁水镇后王村人。东昌府王氏葫芦雕刻工艺第六代传人。雕刻技法以刻葫芦、片葫芦和戏葫芦为主。他擅长雕刻的图案有人物、山水、二龙戏珠、八仙过海及《红楼梦》《水浒传》一百单八将等，作品深受人们欢迎，也颇得国内外专家、学者青睐，被誉为"江北葫芦王"。2001 年，他任村党支部书记、聊城市"江北葫芦王"葫芦工艺品公司总经理，带动全村种植和加工葫芦，全村葫芦种植面积近千亩，年销售额达数百万元。2009 年，他被评为第一批省级项目代表性传承人。目前已培养出以王井河、王俊广为代表的第七代传人，为东昌府葫芦雕刻技艺的传承作出了积极贡献。

杨咏梅雕刻葫芦场景

杨咏梅，女，1977 年生，聊城东昌府区梁水镇大杨庄人，东昌府区杨氏雕刻葫芦第四代传人。她出生在一个工艺葫芦雕刻世家。她的高祖父杨庆森师从著名艺人杨珉，后把这门技艺隔代传授给儿子杨连增。在这个时期，杨庄村的杨印台、杨际俊、杨百银都是远近闻名的老艺人。她完全继承其祖父杨连增雕、刻、镂、烙、片、漆、描等手法，其作品用力恰当，行刀缓稳、线条流畅，刀法娴熟，曾在省市葫芦文化艺术节大赛中多次获奖。她也培养了不少学徒，有志于将葫芦雕刻技艺传承光大。

（三）堂邑雕刻谱系代表性传承人

郝洪燃，男，1965 年生，聊城市东昌府区堂邑镇路庄人。郝洪燃系郝氏葫芦雕刻第五代传人，20 世纪 70 年代，他随父辈学习家传葫芦技艺，天资聪明，勇于探索。其雕刻技艺片、雕、镂并重，尤其精于戏葫芦的雕刻。雕刻步骤是先用针划，辅以刀刻，之后还可用颜色加以点缀，以使线条更加醒目。内容多取自古代戏曲人物和神话传说，如"八仙过海""二龙戏珠""武松打虎""一百单八将"等群众喜闻乐见的内容，精刻细描，形象逼真。郝洪然的雕刻葫芦突破前人多用黑色的传统，在施色时根据画面需要，黑色、红色、绿色等多色并用。中央电视台、山

郝洪燃雕刻葫芦场景　　　　　于风刚雕刻葫芦场景

东卫视、《大众日报》《聊城日报》等媒体和报刊都曾作过专门报道与宣传。

路宗会，男，1969 年出生，聊城市东昌府区堂邑镇路庄村人，山东省首批东昌葫芦雕刻技艺代表性传承人之一。20 世纪 80 年代，他开始学习葫芦雕刻技艺，刻苦钻研，在保留原汁原味的刻雕、浮雕技术基础上，又进一步加强对透雕艺术的研究与实践，亦通烙画技艺。

于风刚，男，1979 年出生，聊城市东昌府区堂邑镇路庄村人，东昌雕刻葫芦第六代传承人。1994 年，他开始拜师学艺，常年从事葫芦加工和研究，系统地继承了东昌雕刻葫芦针刻和片花的传统工艺，擅长雕刻、烙画和浮雕。他融入一些新工艺，开发出了葫芦茶具、葫芦餐具、葫芦灯具等实用性葫芦器具，拓宽了葫芦市场。2007 年，他组建福禄缘葫芦工艺制品有限公司，并成立聊城市葫芦新工艺研发中心。其作品多次在国内外展会获奖，并获得多项荣誉，如火绘《仕女秋思》获辽宁葫芦岛国际葫芦艺术节最佳工艺三等奖，《五环葫芦》被中国奥组委收藏，《聊城八景》被山东省史志博物馆永久收藏。于风刚的雕刻技艺曾被多家媒体报道、宣传，2014 年、2015 年中央电视台连续进行专题报道，影响很大。

二 政府主导推动

自 20 世纪 80 年代以来，东昌葫芦文化艺术的传承与发展，离不开当地政府部门的主导与大力推动。2008 年以来，主要形式有：推动非遗保护、建立葫芦艺术博物馆、支持艺人举办葫芦工艺传习班、引导雕刻葫芦技艺进入中小学、建立东昌葫芦校园传习中心、举办葫芦节庆等，各种举措扎实有力，颇见成效。

（一）从"非遗"的角度保护东昌葫芦雕刻

从 20 世纪 90 年代起，受全球经济一体化、信息网络化等因素的影响，许多国家和民族的传统文化遭遇巨大冲击，急剧蜕变，濒临消亡，非物质文化遗产尤其如此。我国是一个拥有众多非物质文化遗产的大国，同样面临着传统技艺后继乏人、青黄不接、难以维系的困局。聊城也不例外，包括葫芦雕刻、木版印刷、剪纸等各种非遗散落于各地，萎靡不振，都有待整理、发掘和保护。如何树立传承和保护意识，使聊城有代表性的非遗——葫芦雕刻技艺在新时期得到更好的继承、创新与发展，是当务之急。

"非遗"保护的国际通行做法有两方面：一是传承，让文化遗产活态延续。二是记忆，融入历史课程，用现代手段记录下来。"非遗"保护意识要从娃娃抓起，"非遗"进课堂、进教材，是我国保持可持续发展的根本举措，也是国外"非遗"保护的成功经验。通过"非遗"的教育传承，可以让一种古老民族的生命记忆得以延续。这既是一种长期被淡化的民族民间文化资源渐渐融入主流教育的过程，也是对民族生存智慧和活态文化逐步认知的过程，是极具理性精神和人性发现的民族情怀的融合过程。从这个意义上讲，"非遗"教育也可谓一种素质教育。

针对新的发展形势，为更好地保护和发展东昌葫芦雕刻技艺，由东昌府区各级党委、政府制定了中长期保护计划，负责组织实施，东昌府区文广新局和东昌府区非物质文化遗产保护中心负责管理、督导和检查，主要从以下两方面开展葫芦雕刻非物质文化遗产的保护。第一，静态保护。①继续全面、深入、细致地开展普查工作，彻底摸清东昌葫芦雕刻产生、发展的历史沿革，以及艺人、雕刻技艺、取材内容及价值等。②将普查所获资料进行归类、整理，并编辑制作成书或者录像资料存档。③组织有关专家学者进一步深入开展理论研究工作，切实搞好东昌葫芦雕刻的基础理论研究。第二，动态保护。①以堂邑镇路庄、闫寺办事处李什村、梁水镇后王村为重点，建立非物质文化生态保护村，对雕刻队伍实行重点保护和管理。②扩大葫芦种植规模，建设葫芦种植基地。③与聊城大学美术系等单位联系，将葫芦基地建设成师生教学、学习、实践的综合场所，切实提高葫芦种植和葫芦雕刻加工技术水平。④依托东昌府区文化馆及东昌葫芦文化协会，聘请知名艺人定期开办培训班。用五到十年时间培养100名左右的葫芦雕刻艺人，打造人才新生代。⑤根据"加强保护，合理利用，逐步发展"的原则，拟依托市级文物保护单位——堂邑文庙，规划建设"东昌雕刻葫芦暨民间工艺一条街"。⑥依托一年一度的"中国江北水城文化旅游节"，组织"东昌葫芦雕刻工艺品展"主题实践系列活动，扩大东昌雕刻葫芦的宣传声势，提高其知名度。⑦大力推行葫芦文化遗产进入中小学的活动，建立葫芦非遗文化传承基地。⑧举办好每年一度的葫芦艺术节，争取把聊城葫芦节打造成国际葫芦文化交流的第一品牌。

（二）建设葫芦艺术博物馆

东昌府区现有葫芦博物馆三处，依其规模的小大而论，分别是：东昌葫芦博物馆、堂邑葫芦博物馆、义珺轩葫芦博物馆。其中，前两个葫芦博物馆由政府机构所建。东昌葫芦博物馆由东昌府区文广新局围绕葫芦雕刻技艺而投资兴建，内有葫芦雕刻与和木版画，常年开设葫芦雕刻培训。堂邑葫芦博物馆是聊城最早的葫芦博物馆，为东昌府区下属堂邑镇相关机构筹建，以当地民间艺人雕刻作品为主，有浓厚的乡土气息。义珺轩葫芦博物馆为政府推动、私人所建的藏馆，馆内搜集和陈列有聊城内外、全国各地及世界一些国家和地区的葫芦工艺品，面积最大，藏品丰富，在国内葫芦工艺品收藏界首屈一指。此处主要介绍由政府主导的前两家博物馆，私家博物馆略述，详情见本节下文"爱好人士收藏"部分"②葫芦雕刻精品收藏家贾飞"。

①东昌葫芦博物馆

东昌葫芦博物馆位于聊城市古楼东大街，2015年由东昌府区文广新局为做好国家级非遗项目申报工作而筹建。博物馆面积约300平方米，集中展示了东昌雕刻葫芦精品，宣传东昌葫芦雕刻文化，开展东昌雕刻葫芦教学活动，免费向市民开放参观。至2016年，馆内藏品达1000余件，集中展现东昌府区雕刻名家的作品以及历届葫芦节获奖作品，既有雕刻前辈李尚贤、杨际俊等人的作品，也有当代名家李玉成、于风刚、张太岭、路孟昆、江鹏飞、王树峰等人的作品。

东昌葫芦博物馆外观　　　　　　　　　　　　东昌葫芦博物馆内景

在做好葫芦藏品展示的同时，东昌葫芦博物馆把宣传葫芦文化和开展葫芦雕刻教学作为主要任务来抓，加强与当地高校之间的学术交流活动，定期举办各类文化活动。如在每年的非遗日、"五一"黄金周、"十一"黄金周等节假日，邀请传承人李玉成、王树峰等举办各类活动。在每个周末，馆方开展葫芦雕刻培训班，来自聊城高校的学生（包括留学生）长期到博物馆学习调研。每年东昌葫芦博物馆接待游客2万余人次，并开展教学任务100余次。今后，东昌葫芦博物馆将进一步扩大馆藏量，收集东昌府区内雕刻名家的作品和每年葫芦节获奖作品，在做好展示与宣传的同时，不断完善和充分发挥其他方面的功用。

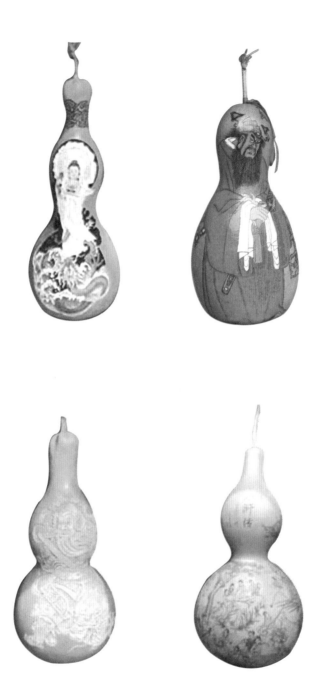

雕刻大师李尚贤作品

当代雕刻家路孟昆作品

当代雕刻家王树峰作品

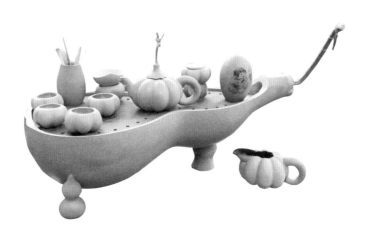

形态各异的葫芦工艺品

②堂邑葫芦博物馆

堂邑葫芦博物馆成立于 2008 年，位于堂邑镇文庙景区附近，是堂邑镇政府为了宣传和展示堂邑葫芦文化而建。展馆占地面积约 400 平方米，馆藏品有 2000 余件，主要展示堂邑镇葫芦文化、堂邑老艺人雕刻葫芦作品、葫芦新工艺作品等。众所周知，堂邑葫芦雕刻是东昌葫芦雕刻的杰出代表，始于宋代，兴盛于明清，三十多年来，它在葫芦文化旅游和经济产业方面得到了长足发展，规模不断扩大。在经济效益不断提高的同时，堂邑致力于做大做强葫芦文化品牌。截至 2015 年，全镇葫芦种植总面积有 8000 多亩，品种 50 多个，每年生产葫芦约 5000 万个，有葫芦加工户 300 多家，大型葫芦加工生产企业 20 多家。

堂邑博物馆外景

堂邑葫芦博物馆与文庙景区毗邻而设，向广大游客开放，既是当地文化旅游的名片，又是葫芦雕刻文化交流和葫芦工艺研发的重要平台，对堂邑葫芦文化产业发展具有很大的促进作用。今后，堂邑葫芦博物馆拟从以下几方面发展：第一，继续搜集散落在堂邑镇的老艺人雕刻葫芦作品进行展示。第二，扩建场馆展示区。第三，每逢节假日，邀请堂邑镇的葫芦雕刻艺人进行现场展演。第四，与当地高校联合，协同创新，开展葫芦种植技术的研发等事项。第五，做好葫芦工艺创新工作。

堂邑葫芦博物馆藏品

义珺轩葫芦博物馆内景

③义珺轩葫芦博物馆

义珺轩葫芦博物馆成立于 2015 年，由著名艺术收藏家贾飞先生创建。展馆面积约 3000 平方米，展品 6000 余件，集中了近现代以来不同国家和地区不同时代的葫芦艺术作品，蔚然可观。义珺轩博物馆开馆以来承办了多次葫芦文化交流活动，每次活动都给前来参观者留下了深刻印象，已成为聊城对外宣传中国和世界葫芦文化的重要平台

义珺轩博物馆非洲葫芦藏品

义珺轩博物馆彩绘葫芦藏品

义珺轩博物馆范制葫芦藏品

和窗口。2017年，义珺轩葫芦博物馆在原有藏品的基础上，广搜各种富有地域和时代特色的葫芦作品，并另选新址，扩建容量更大的葫芦博物馆，预计2020年前后完工开馆。新建博物馆的规模、藏品和活动会更丰富多彩，将对东昌葫芦文化的宣传与发展及对外交流等作出更大的贡献。

（三）举办社会培训班，普及葫芦雕刻技艺

2015年以来，东昌区政府发动群众，支持民间艺人开班授课，为有志于学习和提高葫芦雕刻加工技艺者搭建平台，提供服务。如当代民间艺术家李玉成开办东昌葫芦雕刻技艺传习班，王树峰、王心生等人在中小学传授葫芦雕刻技艺等。2016年11月初，聊城市文广新局组织舒洪力、路宗鹏、周春兰等二十人，参加山东工艺美术学院举办的"中国非物质文化遗产传承人群葫芦雕刻技艺培训班"（开班时间从11月13日至12月11日）。此外，政府关注弱势群体，通过组织葫芦加工培训活动，为残疾人提供更多的就业机会。2015年12月10日，区残联、区老促会主要成员在堂邑镇联合举办了残疾人特色培训班活动，为期40天，邀请特色工艺教师为残疾人免费进行葫芦烙画、针雕等特色实用技术培训，培训注重知识传授和实际操作相结合，确保学员能学会、能运用，切实提高培训后的就业率。

（四）推动东昌校园葫芦教育传习中心和基地建立

我国地大物博、历史悠久，拥有丰富的文化遗产。由于各种原因，在各种文化遗产特别是非物质文化遗产的发展实践中，各地都普遍面临着传承人青黄不接、后劲不足的问题与困局。现在，我国有3亿多18岁以下的少年，他们对"非遗"文化的热情不高。长期以来，有的地方在中小学培养问题上，过分强调应试教育而忽略素质教育，呈现出某种"封闭性"。有的地方虽然重视"非遗"在中小学中的教育教学，但往往实行"批量一刀切"、灌输式的"非遗"教育，忽略了学生个体的阶段性、差异化等特征。这些都造成了"非遗"传承和保护工程中少年参与严重不足的现状，中小学"非遗"教育成为突出的问题。2011年6

月1日，国家正式实施之前经过第十一届全国人大会常委会第十九次会议通过的《中华人民共和国非物质文化遗产法》（以下简称"非遗法"），其中第三十四条明确指出："学校应当按照国务院教育主管部门的规定，开展相关的非物质文化遗产教育。"①

为响应文化部"非遗进校园、进课堂、进教材"的号召，传播和弘扬非遗文化，2015年1月1日，由东昌府区文广新局和东昌府区教育局、东昌府区水城小学以及东昌澄泥公司共同建设的东昌府区校园非遗教育传习基地在聊城水城小学初步完工，同年10月投入试运行，成为全国目前唯一的一家立体保护模式的葫芦教育传习中心。该中心位于水城小学东教学楼，采取国际最先进的3D虚拟播放模式，全程记录、播放非遗传承人葫芦雕刻技艺，真正让国家级非物质文化遗产保护项目——东昌葫芦在校园内扎根发芽，开花结果。

在东昌府区非遗进校园的活动中，校方提供场所，成立基地与中心，由当地政府牵线搭桥，邀请相关专家与民间艺术家，来校为学生授课、传艺。省级非物质文化遗产保护项目"东昌澄泥"唯一省级传承人郭太星是最先走进校园、寻找"葫芦彩绘苗子"的民间艺术家代表。2015年初，东昌府区水城小学校长刘国文主动联系，请郭太星进校向学生传授东昌葫芦彩绘技艺。经过一段时间的教学和授艺，郭太星在孩子们身上看到了东昌葫芦文化发展的希望。他不无感慨地说道："东昌葫芦这门技艺找个徒弟非常难，不仅需要画的好、写的好，还要有一定的文化积淀，这些条件缺一不可。自从教孩子们后，我对这门艺术的传承有了信心。"之后，东昌府非遗保护中心组织当地葫芦传承人王树峰等，每周三来校传授技艺，主讲传习课。水城小学也渐渐有本校老师的参与，向学生传授葫芦雕刻、彩塑等方面的知识与技艺。

经过前期的建设和各方努力，水城小学的非遗教育与普及初见成效。

---

① 《中华人民共和国非物质文化遗产法》，参见"中国政府网"，http://www.gov.cn/flfg/2011-02/25/content_1857449.htm

现在，由各班级学生亲手制作的多种葫芦手工艺雕刻及绘画等作品，被陈列于教室和展馆的墙上或壁橱中。与东昌府葫芦雕刻技艺同时进入校园的还有木版年画、澄浆玉泥等，这些都使学生通过不同途径接触、了解非遗，加深了他们对民间工艺的感性了解，培养了他们的家乡自豪感，增强了进一步学习传统文化的兴趣。学生们在非遗传承人和老师的指导下，创作了很多高水平的葫芦作品。有的年画葫芦作品被中国第十届艺术节、山东工艺美术馆等收藏，并多次在全国非遗展演大赛中获奖。

东昌府非遗教育传习基地本着传习保护的原则，从娃娃抓起非遗教育，采取三级培训模式，培养学生对非遗东昌葫芦雕刻的热爱，形成了具有鲜明特色的校园文化。为了激发孩子们的学习兴趣，东昌葫芦教育传习中心专门增设了校本课程，由基地曲金帅老师带领，集体编写了东昌葫芦传习校本教材，充分利用校本课程进行东昌葫芦彩绘教育。在建设相关基地和中心的过程中，不少从事非遗教育的老师和专家都认识到以下一点：东昌葫芦彩绘的传承不是某项技艺的传承，而是与之相关的一系列文化的传承。东昌葫芦文化的传承离不开年轻人特别是儿童，只有他们参与进来，才会有未来的传承与光大。东昌府区的葫芦进校园恰恰为重建传统文化环境搭建了一个实践平台，其意义之大，不言而喻。

另外，基地还采取举办展览展演、专题晚会等方式，将地方特色浓郁、学生喜闻乐见的非物质文化遗产项目引入校园，受到了学生和家长的欢迎。如从 2015 年开始，学校每年举办一次东昌葫芦民俗文化节，让孩子们感受民俗文化。每周三下午，学校都有学生必修的"非遗"课程。根据年级的高低，学校提供了 23 种民间工艺门类供选择，包括葫芦、年画、澄泥、编织等。全校 28 个班几乎都有各自的民间手工艺门类课程。水城小学的每一个班级的门上并不标明"某年级某班"，而是冠以民间手工艺的名字。如"葫芦居""剪纸坊""年画棚""澄泥院"等。如果班级内有学生想选择其他门类，还可以自愿参加学校的民俗社团。通过以上举措，使授课老师找到切实可行的教材，学生们得到传统文化的真切熏陶，非遗也有了丰厚的传承土壤，可谓一举三得。

水城小学"东昌府区非遗教育传习基地"揭牌

　　值得一提的是，2016年10月21日，由东昌府区文广新局设立的"东昌府区非遗教育传习基地"在水城小学正式揭牌，其中葫芦雕刻等被列为传习重点，著名葫芦文化艺术专家孟昭连与扈鲁共同为基地揭牌，并实地参观了学校的基地建设与学生学习葫芦文化的现场。基地的成立是水城小学葫芦文化传承的重要里程碑，必将推动校园葫芦非遗传承全面深入的发展。

　　总之，通过政府引导、各方力量共建，东昌区建成了一些规模相当、内容丰富的葫芦雕刻传承馆、技艺传习所、艺术博物馆、艺术展馆、校园传习中心、社会培训班等，极大地促进了东昌葫芦文化全面、稳定和持久的发展，为今后东昌葫芦雕刻技艺的传承与弘扬，提供了很好的平台与条件。

三　爱好人士收藏

　　自古以来，聊城就有很多雅士或专家搜集文玩字画的传统，至今在东昌仿古街上仍可见大量玉器、陶器等古器的收藏馆，不少民间爱好者仍在关注和专注各种古玩旧器的搜集与鉴赏。曾经盛行一时、名噪全国的东昌葫芦雕刻技艺在当今复兴，一批出身于聊城的收藏家，长期致力于搜集当地历代雕刻名家的葫芦作品，薪火相传，延续不绝，不断探索东昌葫芦文化如何走向高品位、高档次的发展之路，展现东昌葫芦雕刻技艺的特色与神韵，将富含历史意味与时代气息的东昌雕刻葫芦发扬光大。这里重点介绍张宪昌、贾飞两位收藏家的藏品与故事，领略东昌人挚爱葫芦艺术的可贵情怀与珍爱家乡文化的高度自觉，得窥东昌葫芦文化有容乃大的宽广胸怀。

①葫芦雕刻收藏保护专家张宪昌

张宪昌，男，1955年生，聊城莘县人。聊城大学美术学院教授，民俗艺术研究所所长，山东省文化艺术省级重点学科"非物质文化遗产保护"学科带头人。多年来，张教授潜心研究中国的母体艺术——民间美术，对山东、河南、河北三省交界的运河两岸进行民俗文化、民族艺术田野考察，取得了不少学术成果，引起了国内外学者的广泛重视。在考察过程中，他悉心搜集民间泥塑、面塑、雕刻葫芦、蓝印花布、民窑青花瓷等民间艺术，相关研究成果已在《人民画报》、《装饰》、《东西民俗国际论文集》上发表，产生了积极的反响。由张宪昌先生倾20余年之力辛苦搜集、系统整理的《东昌府木版年画》已由人民美术出版社出版，并列入"中国民间艺术精品"重点出版书籍，填补了东昌府古版画研究与普及的空白。

在民间葫芦雕刻方面，张先生也下了很大的功夫，从二十世纪八、九十年代至今，一直从事民间老艺人葫芦作品的搜集与相关研究。近年他致力于寻找濒于失传的葫芦雕刻艺术流派与作品，最为典型的例子就是2014年10月下旬，他采访戏葫芦雕刻名家杨际俊的儿子杨中广，请其当场演示富有特色的戏葫芦雕刻技艺，保存了珍贵的视频资料①。张先生还曾指导学生贺军撰写有关东昌蝈蝈葫芦的研究生论文。在聊城大

---

① 相关视频资料详见"张宪昌聊葫芦雕刻与民间艺人杨中广的对话"，http://v.ku6.com/show/7wmcejihjwcvk3.htm

学，由张先生主持和参与筹建的民俗博物馆、民俗艺术研究所，为包括聊城东昌葫芦雕刻在内的地方民间美术工艺的传承与保护，作出了独特的贡献，是东昌地方民俗文化传承与弘扬的重要场所。

②葫芦雕刻精品收藏家贾飞

贾飞，男，1975年生，聊城市东昌府区人。从2000年以来，在东昌葫芦雕刻精品和世界特色葫芦艺术品收藏方面他颇有心得，卓有成就。早年，贾飞先生从事玉石生意，2000年，开始涉猎葫芦收藏行业，建立义珺轩葫芦雕刻收藏

义珺轩葫芦博物馆外观

馆。他耗资数百万元，在国内外搜罗、陈列包括东昌雕刻葫芦在内的全世界各种葫芦艺术精品，达一万余件，精心打造包罗世界葫芦雕刻艺术万千气象的藏馆。

义珺轩博物馆位于古楼西大街37号，创建于2015年，展馆面积3000多平方米。馆内展列各式葫芦工艺精品，雕纹、画饰巧夺天工，尽显独特魅力，令人称奇。藏品非常丰富，在藏品陈列室中的各种葫芦工艺品，题材多样，形象生动，如范制葫芦成龙的雕像、彩绘葫芦上热闹的集市、烙画葫芦上栩栩如生的人物以及用葫芦制作的各种器皿，工艺品所展现的各种艺术手法，刻花、针刺、釉雕、烙画、浮雕、砑花、彩刻等，千姿百态，应有尽有，其中不乏葫芦名家李尚贤、杨际俊、高若亭、刘志高等艺术大家的作品。展览区分三层，一层为东昌传统雕刻葫芦大师作品区，我国国内其它地区雕刻、绘画大师作品区，海外葫芦藏品区；二层为高端葫芦藏品区；三层为葫芦雕刻制作展示区。目前馆藏国内藏品5000余件，国外藏品1000余件。馆内藏品主要有：（1）东

义珺轩葫芦博物馆内景

昌雕刻工艺葫芦。如李尚贤作品、杨际俊作品等，还有当代雕刻家李玉成等人的作品。（2）东昌烙画葫芦作品，主要汇集了当代东昌府区名家作品。（3）砑花葫芦。（4）范制葫芦作品。（5）海外葫芦经典藏品，包括日本、菲律宾、越南、马尔代夫等亚洲葫芦藏品，美国、智利、阿根廷等美洲国家葫芦藏品，埃塞俄比亚、赞比亚、南非等非洲葫芦藏品。

　　义珺轩博物馆不但展示葫芦藏品，还定期举办葫芦书画展览。如2016年，贾飞先生收藏了15幅葫芦国画名家扈鲁先生的画作，并举办葫芦画展。此外，馆方承接聊城市中华水上古城对外文化宣传与接待工作，每年接待参观者3万多人次，是很多旅游团体定点游览之处。

　　义珺轩葫芦博物馆未来的发展计划有：（1）以现在博物馆为基础，加快中国葫芦文化艺术博物馆的建设。（2）拓展葫芦收藏量，尤其是海外具有地方代表性的葫芦作品。（3）成立葫芦文化研究组织，并定期开展国内葫芦文化研讨会议。（4）拍摄葫芦文化纪录影片。（5）每年开展国内葫芦书画类大赛。

义珺轩葫芦博物馆藏品

义珺轩博物馆彩绘葫芦藏品

义珺轩葫芦博物馆异型葫芦工艺藏品

义珺轩葫芦博物馆异型葫芦工艺藏品

义珺轩葫芦博物馆墨西哥葫芦藏品

义珺轩葫芦博物馆马尔代夫藏品

义珺轩葫芦博物馆非洲葫芦藏品

四 文化公司对非遗的经营

在东昌葫芦等非遗文化产业发展的进程中，一些文化公司的参与和投资发挥了相当大的作用，如山东保盛文化传媒有限公司，自 2008 年成立以来，长期专注于东昌府区文化产业和文化事业的发展，有力地促进了文化东昌、和谐东昌的建设，丰富了人民群众的文化生活。2015 年，该公司入驻中华水上古城南大街，在保护和传承地方非物质文化遗产事业上做出积极的贡献。如 2016 年元旦，公司创办的鲁西民间艺术体验馆正式开馆。该馆汇集了东昌葫芦雕刻、木版年画、剪纸、陶艺、面塑、古锦等 30 多项聊城非物质文化遗产与特色代表项目，面向社会开放，让市民和游客在动手制作工艺品中，亲身接触，切实体验民间艺术和传统文化的魅力。

此外，鲁西民间艺术体验馆依托古城区平台，积极开展葫芦雕刻传承活动，邀请省级传承人王树峰等常年开设葫芦雕刻传习课程，多次为聊城市青少年艺术爱好者、残疾儿童提供免费的非遗手工技艺培训，承担中华水上古城非遗的免费体验活动，受到了社会各界的好评。总之，山东保盛文化传媒公司以"鲁西民间艺术体验馆"为载体，建立非物质文化遗产保护与宣传基地，为东昌葫芦雕刻等非遗的传承搭建了一个很好的平台，取得了良好的经济与社会效益。

鲁西民间艺术体验馆葫芦雕刻体验活动　　当地领导参观鲁西民间艺术体验馆

五　学界人士研究

　　葫芦文化作为中国民俗文化中"一种值得注意的文化现象"，是"中华文化研究中不可缺少的一部分"①。对它进行科学的研究，是葫芦文化发展的应有之义。东昌葫芦文化研究也是如此。自 20 世纪 90 年代，学界开始研究东昌葫芦，至今已积累了相当多的成果。其中东昌蝈蝈葫芦较早进入学者视野，成果颇丰。如聊城大学艺术学院张宪昌教授从 1990 年开始研究发表蝈蝈葫芦方面论文，后亲自进行田野调查，搜集各类葫芦作品，指导学生调查葫芦非遗文化、抢救性整理雕刻葫芦传承资料，并作相关研究等。21 世纪初，由山东工艺美术学院潘鲁生教授主持教育部人文社会科学研究"九五"规划 1999 年专项项目"民间工艺文化生态保护与调研"，并进行民间采风，推出《中国民艺采风录》丛书共计十册，其中将蝈蝈葫芦作为山东民间艺术的重要代表，进行研究。在这套丛书中，董占军著《蝈蝈葫芦》（河北美术出版社 2003 年版），对东昌蝈蝈葫芦艺术进行采风、调查和整理等，以图文并茂的形式，展

---

① 钟敬文：《葫芦是人文瓜果——在 96 民俗文化国际研讨会上的讲话》，《民俗研究》，1996 年第四期。

示聊城蝈蝈葫芦的历史、现状、工艺造型、制作程序等。

聊城大学艺术学院贺军综合前人研究成果，加以扩展修缮，完成其硕士论文《东昌蝈蝈葫芦雕刻艺术研究》（指导教师：张宪昌教授，2009 年），并将部分成果先行发表，如《东昌蝈蝈葫芦起源与自然环境的关系》《东昌蝈蝈葫芦的历史渊源》《东昌蝈蝈葫芦产生和繁荣的经济条件》等，对东昌蝈蝈葫芦作了深入探讨。

除了蝈蝈葫芦之外，学界人士对东昌葫芦的其他方面也有较深入的研究，典型的成果如重庆大学艺术学院苟春艳的艺术学硕士论文《东昌葫芦的雕刻与艺术传承》（指导教师：袁恩培教授，2012 年）、张跃进《葫芦雕刻》（山东文化音像出版社 2011 年版）。其中，《东昌葫芦的雕刻与艺术传承》一文从客观、科学的角度来研究东昌葫芦雕刻工艺，在一定程度上弥补了东昌葫芦雕刻学术研究的不足，拓宽其研究领域，体系结构相当完整、资料比较详实、论证充实且视野开阔，为当代东昌葫芦文化研究的力作。《葫芦雕刻》一书在某些章节探讨了东昌葫芦，指出东昌葫芦的雕刻技法的成功之处，所论多建立在亲身实践和考察的基础之上，带有一定的理论陈述与总结，并将东昌葫芦雕刻放在一个较大的背景下予以审视、比较，结论多令人信服。

此外，还有一些相关论文见诸于世，分别对东昌葫芦文化产业、历史渊源、艺术内涵等方面进行了挖掘与阐发。如东昌府区文广新局的《东昌：中国葫芦雕刻之乡》，胡树媛等人的《小葫芦里的大文化——略论东昌葫芦雕刻艺术》、《浅析东昌葫芦雕刻艺术的美学内涵》，鲁法国的《东昌葫芦雕刻产业化分析》，李贵玉的《浅谈东昌葫芦赏玩意趣》等，从不同角度分析、研究东昌葫芦技艺与文化产业等，不乏新意。

综上所述，学界对东昌葫芦的学术研究取得一定的成果，但仍有某些不足，最为明显的一点是以往研究仅限于东昌葫芦雕刻技艺、文化内涵和产业化等方面，缺乏全面、系统、详细的介绍和分析。如何从多角度研究东昌葫芦文化艺术，追溯历史，展示特色，指明走向，是今后东昌葫芦文化长远发展的迫切需求和必然趋势。

第二节　东昌葫芦雕刻技艺传承谱系

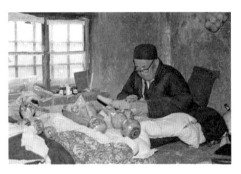

据今人研究，清末民初，聊城地区蓄养蝈蝈的风气逐渐兴盛。葫芦作为放置蝈蝈的天然良品，成为当时人们的新宠。因此，葫芦产业随之兴起，并不断发展壮大，形成了从种植、制作到销售的完整产业链。其中，聊城城关、闫寺镇、梁水镇成为远近闻名的三大集散地。葫芦制作工艺作为一门独特的手工艺术，至今已有百余年的历史，经

已故雕刻大师李尚贤雕刻葫芦场景及作品
（赵雅军摄）

过几代人的努力，该门艺术在艺术形式上不断推陈出新，融入现代科技和文化元素，发扬光大，形成了独到的行业规矩和传承观念。现在大致以闫寺、梁水镇和堂邑镇三地为主要生产加工中心，葫芦雕刻艺术在众多民间艺术家的继承中，得以传承与光大。

一　闫寺葫芦雕刻谱系的传承

（一）代表人物

李玉成，男，1956年生，东昌府区闫寺办事处李什村人，当代东昌葫芦雕刻传承人。早年，他师从当地老艺人学习葫芦雕刻，1989年开始从事创作。为了能够雕刻出细腻逼真的图案，他细心收集绘有各种图案的"葫芦样本"，观摩和研究前人的作品与技艺，倾心研究葫芦雕刻艺术。李玉成擅长雕刻"八仙过海""二龙戏珠""武松打虎"以及《西游记》《三国演义》等古典名著和民间传说等题材的图案。在雕刻技艺

李玉成雕刻的葫芦《忠义侠》

和内容体裁上大胆创新、拓展。如以往刻葫芦仅靠刀工，缺点是不够精细，李玉成在传统刀工基础上，发展了刀刻、炮烙、镂空、平涂等一整套技艺，雕刻题材也从以往"四出戏""武松打虎"等扩展到"十二生肖"和近现代文学作品中的人物形象等，他还改变过去以"扑灰"手法为葫芦图案着色的工艺，使雕刻葫芦的颜色从单一的黑色向多种色彩发展。

李玉成雕刻的葫芦线条流畅自然，图案丰富，艺术风格淳朴，典雅，洋溢着浓郁的乡土气息，作品曾多次参加省市、国家和世界的各种文化展览、文博会等。早在1992年，他的四件雕刻葫芦作品入选山东民间文化艺术展，此后又获得很多奖项。2010年，李玉成参加了上海世博会山东活动周非遗展演，同年赴法国巴黎，在联合国教科文组织总部展演葫芦雕刻技艺，现场把雕刻葫芦作品赠送给法国前总理拉法兰先生；2011年4月，到澳门特别行政区展演葫芦雕刻技艺；2012年，赴韩国首尔参加了"同一地球村"非遗葫芦雕刻技艺展演；2014年，参加由文化部非遗司主办的"中国非物质文化遗产年俗展示周"活动。

（二）闫寺葫芦雕刻传承谱系①

代　别	姓　名	性　别	出生年月
第一代	李显桥	男	不详
第二代	郎德田	男	不详
第三代	郎发敏	男	1934 年
	陈金语	男	1932 年
第四代	李尚贤	男	1922 年
	李尚书	男	1929 年
	李尚遥	男	1935 年
	李玉林	男	1937 年
第五代	李玉成	男	1956 年
	秦喜英	女	1955 年
	李学清	男	1949 年
第六代	李晓杰	女	1982 年
	刘廷波	男	1978 年
	王树峰	男	1983 年
	贾飞	男	1975 年
	李发庆	男	1982 年

① 本节葫芦雕刻谱系是从非物质文化遗产传承谱系的角度陈列的。非物质文化遗产，是指各种以非物质形态存在的与群众生活密切相关、世代相承的传统文化表现形式。它是以人为本的活态文化遗产，强调的是以人为核心的技艺、经验、精神，其特点是活态流变。在非遗的实际工作中，认定的非遗标准是由父子（家庭）、师徒、学堂等形式传承三代以上，传承时间超过 100 年，且要求谱系清楚、明确。（陈燕芳：《葫芦文化创意农业与农艺》，浙江文艺出版社 2015 年版，第 68 页）。原始材料均由聊城东昌府区文广新局和当地葫芦雕刻世家及民间艺人提供，在很大程度上保证了谱系的真实性和更新度。

代 别	姓 名	性 别	出生年月
第七代	舒洪力	男	1985 年
	任延玲	女	1982 年
	黄红芹	女	1983 年
	栾斌	男	1989 年
	陈甜甜	女	1987 年

（三）李玉成授徒故事

李玉成的子女不是考上大学，异地求学，就是从事其他行业，很少回家向父亲请教葫芦雕刻。随着年龄的增长，他越来越感到有必要正式收几名徒弟，以确保自己手中的葫芦雕刻技艺能够顺利传承。2011 年 4 月，李玉成正式收徒授业，被当地媒体称为东昌府区闫寺街道"一件引

李玉成获省级非遗葫芦雕刻代表性传承人等称号

人关注的事情"。此前，李玉成虽已经非正式地带过近20名徒弟，但正式的收徒，这是第一次。对于徒弟，他要求除了热爱葫芦雕刻，还要有很好的悟性。李玉成对这件事印象很深，坦言："前几年，想找学生也找不到啊，年轻人都想去外面打工赚钱闯一闯。这几年国家对非物质文化遗产的保护工作重视了，雕刻葫芦的市场好起来了，年轻人的想法也改变了。只要他们愿意学，我就愿意教。"他通过各种途径传授的徒弟众多，有很多人活跃于聊城葫芦文化界，如王树峰、贾飞等，黄红芹、任延玲、舒洪力、栾斌等人也是其中的佼佼者，成为东昌葫芦雕刻艺术发展的中坚与新秀，发挥着越来越大的作用。

除了收徒，在东昌府区的大力支持下，李玉成还开办过葫芦雕刻艺术传习所初级班和高级班，面向东昌府区，为立志学习葫芦雕刻技艺的学员免费提供技术培训与指导，并提供就业机会，如高级班学员在结业后，可与他创办的玉成葫芦雕刻艺术有限公司签订聘用合同。他还曾担任聊城大学美术系的兼职教师，讲授葫芦雕刻技艺，并将玉成葫芦雕刻艺术有限公司设为大学生的社会实践基地，颇有成效。

二　梁水镇葫芦雕刻谱系的传承

东昌府区梁水镇曾是出名的葫芦雕刻之地，民国时期，该镇大杨庄家家刻葫芦，兴盛一时。在二十世纪八九十年代，大杨庄老艺人杨际俊的作品远近闻名。他刀工娴熟，不用布局，拿起一个葫芦就能刻三四出戏曲图案，人物传神，有板有眼，线条流畅，被业内专家称赞有加。我国当代著名的艺术学家、工艺美术史论家张道一先生家中就收藏着杨际俊当年刻制的《四出戏》雕刻葫芦，原中央工艺美术学院院长、艺术家张仃先生（1917—2010）也对其作品上的画面赞不绝口，中央美院李少文教授曾对杨际俊四出戏画面的线条进行模仿和创造[1]。现在聊城当地

---

[1] 参见"张宪昌与民间艺人杨际俊的聊城葫芦雕刻艺术"，http://bbs.tianya.cn/post-no110-13623638-1.shtml

一些学者和艺人携手努力，试图将杨际俊的雕刻技艺保存与传承下去，如聊城大学艺术学院张宪昌教授采访其子杨中广，保存珍贵的影像资料，向外界展示杨氏家传的戏葫芦雕刻技艺[①]。本节着重介绍当今从梁水镇走出、数代相传的葫芦雕刻家。

（一）代表人物

王心生，王氏葫芦雕刻工艺第六代传人，十几岁时他便随父辈学习葫芦雕刻。王心生喜刻吉祥图案、人物、山水，雕刻技法以片葫芦和戏葫芦为主，尤精于片葫芦。2002年，他雕刻的葫芦被评为"2002年中国江北水城（聊城）文化旅游节"指定产品。2005年，他在"中国江北水城（聊城）文化旅游节"民间绝活大赛中获金奖。《大众日报》《大众科技报》、《聊城日报》、山东电视台、聊城电视台、东昌电视台等媒体曾对其进行过宣传报道。

杨咏梅，东昌府区杨氏葫芦雕刻第四代传人。高祖父杨庆森师从著名艺人杨珉，后隔代传授给杨咏梅的祖父杨连增。她完全继承其祖杨连增雕、刻、镂、烙、片、漆、描等手法，其作品线条流畅，刀法娴熟，颇有婉约之美，独具特色。

---

① 参见"张宪昌聊城葫芦雕刻与民间艺人杨中广的对话"，http://v.ku6.com/show/7wdq06
8fMcEjihJWCvK3wg...html

（二）梁水镇雕刻谱系

代　别	姓　名	性　别	出生年月
第一代	杨珉	男	不详
第二代	杨玉堂	男	不详
	王克彰	男	不详
	王洪成	男	不详
第三代	杨印台	男	不详
	王光进	男	不详
	萧必衡	男	不详
第四代	杨际俊	男	1932 年
	王诚义	男	不详
	萧信合	男	不详
	黄玉谷	男	不详
	王守墨	男	不详
	王守田	男	1937 年
第五代	王文豪	男	1930 年
	王中昌	男	1929 年
	王远昌	男	1932 年
第六代	王心河	男	1932 年
	王俊峰	男	1942 年
	王心会	男	1943 年
	王心生	男	1958 年
	王东江	男	1962 年
	王俊梅	男	1954 年
第七代	王井河	男	1971 年
	王俊广	男	1972 年

王心生支派的葫芦雕刻传承谱系：①

代　别	姓　名
第一代	王法理
第二代	王仲标
第三代	王克玉
第四代	王承法　王承文
第五代	王贤昌　王远昌　王心美
第六代	王心生　王心会
第七代	王井河　王俊广　王俊友　王文会

杨咏梅支派的葫芦雕刻传承谱系：②

代　别	姓　名
第一代	杨珉
第二代	杨庆森
第三代	杨连增
第四代	杨咏梅
第五代	吕显文

① 本传承谱系资料，由王心生、王涛等人提供。
② 本传承谱系资料，由杨咏梅、王涛等人提供。

（三）杨咏梅的雕刻葫芦故事①

在梁水镇，杨咏梅为杨氏雕刻葫芦第四代传人。她出生于聊城东昌府梁水镇大杨庄村葫芦世家，高祖父杨庆森师从著名艺人杨珉，学习葫芦雕刻技艺，后将此技传于其祖杨连增。在这个时期杨庄村葫芦雕刻艺人众多，名家亦多，如杨印台、杨际俊、杨百银等。

杨氏雕刻工艺起源于百年前，由杨氏祖人杨珉开创，然后一直在家族内部相传。至其曾祖父杨庆森，杨氏雕刻葫芦的技法已经相当娴熟，自成一体。当时杨氏家庭贫寒，杨庆森虽身怀高技，但年近三十，仍未婚娶，后来因葫芦而喜结良缘。据杨咏梅所述，当年，周边乡镇有位老者非常喜欢养蝈蝈，无意中得到杨珉的一件葫芦作品——八仙人刻件，如获至宝，便慕名前来拜访。在杨珉家中，他偶遇杨庆森在杨珉的指导下雕刻葫芦，看到这位年轻人所刻花鸟葫芦行刀娴熟，线条流畅，心生钦佩，遂有意将女儿许配给他。后来经媒妁沟通，两家喜结秦晋之好，葫芦成了这段姻缘的"月下老"。

至祖父杨连增时，葫芦雕刻一技在身，走南闯北，收入相当可观，家境渐渐殷实，杨家人丁兴旺。杨咏梅自幼受到葫芦艺术文化氛围的熏陶，五、六岁时便非常爱好画画，特别是看到祖父在葫芦上雕刻栩栩如生、形象逼真的花鸟、虫鱼、走兽时，十分羡慕，跃跃欲试。但在她透露自己的心愿后，被祖父一句"小女孩干不了这活"回绝。后来杨咏梅又求助于母亲，亦无果而终。直到有一次，小咏梅趁祖父外出时，偷偷拿出工具，悄悄刻了一个葫芦，有模有样，令祖父惊诧，最终被她的诚心和天赋打动，答应传授孙女技艺，杨咏梅从此开始步入杨氏雕刻技法的学习征途中。在祖父的精心传授下，杨咏梅16岁时就已经能将斜口刀、直口刀、圆口刀、剪线刀、刻刀、透孔器等各种雕刻工具运用自如，并对传统的"四出戏""八仙人"等雕刻技法娴熟于心。但雕刻技艺最终能够达到一定水平，需要用心用脑，还要有力。在初学时，任何一种刻刀，

① 此处有关葫芦雕刻家杨咏梅的原始资料，由杨咏梅、王涛等人提供，特此致谢。

把握的时间长了，都会感到臂酸腕疼，有时一件作品刻了好长时间，会感到烦躁乏味，手上还会磨起几个血泡，痛苦异常。她至今还记得，当初幼嫩的小手上经常血泡不断，包缠的纱布不断，用带着血泡的手再握刻刀，常常钻心般疼痛。经历这些艰苦的磨炼，杨咏梅的雕刻技艺得到飞速的提高，渐渐成长、成熟。她坚强的意志和心劲成就了一件件精美的作品，多次入选葫芦文化节优秀作品之列，获得省市级奖励，受到了人们的赞誉和社会的认可。如今，杨咏梅已经招收徒弟，免费向他们传授技艺，将这门古老的技艺传承下去。

三 堂邑镇路庄葫芦雕刻谱系的传承

东昌府区堂邑镇的葫芦种植已有两千多年的历史，葫芦雕刻也有数百年之久，直到现在，它仍是东昌府最大的葫芦产地和加工中心。此地葫芦雕刻人才辈出，老一辈仍健在的有周春泽、路福年等，年轻一代、技艺较高的代表人物有郝洪燃、于风刚、路宗会、路宗军等。

（一）代表人物

郝洪燃，郝氏葫芦雕刻第五代传人。郝洪燃在小学时就酷爱美术，高中毕业后，在父亲的带领下，他开始学习葫芦加工技艺，并自费到济南工艺美术学校学习、深造，一年多时间便掌握葫芦雕刻及加工的各项技艺。后来他又到北京、天津、上海等地进行了市场考察，萌发从事工艺葫芦加工、销售的念头。1999年，他在积累了一定资金后，聘请6名工人，在村里开起葫芦加工厂，开发葫芦烙画、雕刻、彩绘等工艺。之后，他又扩大规模，充分发掘葫芦工艺的经济效益，惠及当地

郝洪燃雕刻葫芦场景

民众。此外他还建立葫芦网站，成立堂邑镇葫芦协会、聊城市葫芦工艺联合会，有力地促进了当地葫芦文化与经济的发展。他的很多葫芦作品被收藏到葫芦艺术博物馆，2005、2007、2009年连续三年被葫芦岛艺术节评为最佳葫芦工艺奖，2005年获聊城市文化旅游节绝活大赛金奖，2007年获首届江北水城葫芦文化艺术节一等奖等。

于凤刚，堂邑葫芦雕刻传承人，聊城市东昌府区福禄缘葫芦工艺制品有限公司总经理、中国葫芦协会（筹委会）理事、聊城市葫芦新工艺研发中心负责人，聊城市东昌葫芦种植加工专业合作社法人代表、聊城市东昌葫芦文化协会副主席。

于凤刚出生于葫芦雕刻氛围浓厚的堂邑镇，早年在中专学习美术，具有较深的艺术功底。毕业后，他跟随父亲及当地老艺人刻苦学习葫芦加工技术，专注于葫芦雕刻研究和工艺创作。他系统地继承了东昌雕刻葫芦针刻和片花的传统工艺，以雕刻、烙画和浮雕见长。早年，他开办葫芦福禄缘葫芦工艺制品有限公司，并在新产品的开发上自主创新，借鉴和融入新工艺，开发葫芦茶具、葫芦灯等，拓宽了葫芦工艺品的市场，将葫芦种植和深加工推向规模化和现代化经营之路，是当地葫芦文化产业发展的重要代表，贡献良多。其作品曾获全区民间工艺展评特等奖，江北水城文化旅游节指定产品，辽宁国际葫芦文化艺术节最佳工艺奖等，

于凤刚葫芦作品获奖奖杯　　　　　　　　　于凤刚在工作室刻葫芦

深受业界人士的好评。

路宗会，聊城市东昌府区堂邑镇路西村人，山东省非物质文化遗产项目东昌葫芦雕刻代表性传承人，聊城市东昌府区葫芦文化协会副会长。他在种葫芦、画葫芦以及葫芦的开发和综合利用等方面颇有建树。2000年，他开始跟从葫芦雕刻第五代传承人路宗仁学习雕刻技术，深入挖掘传统工艺，完善雕刻艺术。他的作品如"八仙过海""二龙戏珠""武松打虎""一百单八将"等惟妙惟肖，形象逼真，深受人们喜爱，曾在中国葫芦岛国际葫芦文化节博览会上获"最佳创意奖"。2003年，路宗会开发葫芦种植基地，开办葫芦加工厂，2008年又成立东昌府区利民葫芦生产专业合作社。后他又创建国内首家葫芦交易专业市场，在北京市开设葫芦产品专卖店，并在其他多个城市发展了葫芦销售连锁店，现在已形成一条集葫芦种植、加工、销售、雕刻技术服务于一体的产业链。他经营的产品销往北京、上海、天津等国内各地，并远销韩国、泰国等地，使古老的葫芦雕刻技艺在新时代焕发勃勃生机。

路宗军，男，1976年生，聊城市东昌府区堂邑镇路西村人，擅长葫芦打结和异型葫芦培植，区级葫芦雕刻技艺传承人。

（二）堂邑路庄传承谱系

堂邑路庄葫芦雕刻的传承谱系，从第一代郝占魁开始，中经郝瑞昌、郝志章、郝存英、郝东会、郝洪燃、于风刚等数代相传，至郝春娜等人，已经七代，具体情况详见下表：

代　别	姓　名	性　别	出生年月
第一代	郝占魁	男	清咸丰年间
第二代	郝瑞昌	男	清道光年间
	郝元礼	男	清道光年间
	郝元庆	男	清道光年间
第三代	郝志章	男	同治四年（1865）
	郝志邦	男	清咸丰十年（1860）
	周振山	男	清咸丰十年（1860）
第四代	郝存英	男	1921 年
	郝存方	男	1924 年
	路允昌	男	不详
	路允贤	男	不详
	杨光太	男	1911 年
	周春泽	男	1930 年
	杨士平	男	不详
	郝春林	男	1930 年
第五代	郝东会	男	1936 年
	郝存印	男	1931 年
	郝春阳	男	1931 年
	周春堂	男	1931 年
	周仁海	男	1932 年
	郝东恩	男	1939 年
	郝东金	男	1940 年

代　别	姓　名	性　别	出生年月
	路宗仁	男	1939 年
	于振文	男	1951 年
第六代	郝洪燃	男	1965 年
	于凤刚	男	1979 年
	于新元	男	1951 年
	路宗会	男	1970 年
	明今成	男	1948 年
	孙新民	男	1966 年
	郝学敏	男	1966 年
	郝春然	男	1966 年
第七代	郝春娜	女	1986 年
	王小芳	女	1986 年
	郝学丽	女	1986 年
	许晓莹	女	1986 年
	郝小东	女	1987 年
	郝春丽	女	1988 年

（三）于凤刚创办葫芦公司的故事

于凤刚，自幼喜爱美术，在上学后，毅然选择工艺美术专业。1997年毕业后，他回到农村老家，跟随父亲及老师傅学习钻研葫芦加工技术。2005年，于凤刚在家人的支持和帮助下，和村里长期从事葫芦销售的朋友合资成立了葫芦加工厂，吸收12名员工。

2007年10月，由于凤刚创办的聊城市东昌府区福禄缘葫芦工艺制品有限公司正式注册成立，借助市区的交通地理优势，公司效益逐年增长。截至2012年，公司年销售收入380万元，上缴利税130万元。公司实行公司＋农户的经营模式，带动堂邑镇、梁水镇、张炉集镇、道口铺办事处等 30 余个村的 420 家农户搞起了葫芦的种植及加工。仅种植葫芦一项，就可每年为这些农户增收 500 余万元。2012 年 5 月，公司入选首批山东省非物质文化遗产生产性保护示范基地。

四　其他雕刻谱系的传承

（一）谷路氏雕刻传承

谷运章，1933 年生，聊城市东昌府区闫寺办事处人，是迄今健在、年岁最高的葫芦雕刻艺人。他毕生致力于葫芦雕刻，在片花、砑花、扎花、针刺、刻花等方面均有建树，擅长蚰子葫芦，扎花作品《松树花篮》，片花作品《黄瓜架》《一片白菊花》，针刺和刀刻作品《三英战吕布》《西游记之大闹天宫》等，都是一时佳作。他曾任山东大学民俗客座教授、南京大学民俗客座教授，多次受邀参加讲座，为大学生讲解葫芦雕刻技艺。

路孟昆，聊城市东昌府区梁水镇人。1964 年生，从小热爱画画，经常使用锅底灰在木板上画画。1984 年之后，他开始接触烙画、雕刻

20 世纪 90 年代大学生到谷运章家调研

葫芦，经过一段时间的勤学苦练，对片花、砑花、扎花等各种技艺都能基本掌握于胸，并渐渐心领神会。他尤其擅长片花葫芦，刀法娴熟自然，精美之至，并配有个人独创的图形和字体，人称"葫芦一把刀"。他面向全国各地免费教学收徒，学生结业后，多成为发展葫芦雕刻技艺的新生力量。另外，路孟昆曾任聊城大学客座教授、山东济南民俗艺术馆葫芦艺术研究所所长，并受邀参加国内外各种文化交流，被中央电视台、山东卫视等媒体采访报道。其作品曾获聊城市葫芦节葫芦片花一等奖、大明湖民俗展金奖等。

谷焕苓，女，1968 年生，聊城市东昌府区梁水镇人，谷路系葫芦雕刻传承人。她从小在父亲谷运章的感染和指导下，特别喜欢葫芦，很早就学会了雕刻葫芦。她不仅掌握了老东昌雕刻葫芦技艺，还将葫芦染色技术升级，使颜色更加均匀，掉色更少，片花染色葫芦因此也更受人们的喜爱。在 2010 年的葫芦艺术节上，她的作品荣获片花葫芦一等奖。

路文华，女，1985 年生，聊城市东昌府区梁水镇人，早年她与父亲路孟昆学习葫芦烙画、雕刻等技艺，创作的百子图、嬉婴图、仕女图等葫芦工艺品，活灵活现，风格清秀，独具特色，其作品《大好山水》被济南市政府作为礼物，赠予著名学者季羡林先生，中央电视台、山东卫视等多家媒体作了报道。

谷路氏葫芦雕刻传承谱系[1]

代　别	姓　名
第一代	谷泰根　黄德善
第二代	谷学仁　谷学忠（师从谷泰根）
第三代	谷运峰　谷运章（师从谷学仁）
第四代	谷焕苓　路孟昆（师从谷运章）
第五代	路文华　路明　路文秀　路文轩

[1] 本传承谱系资料，由谷运章、路孟昆等人提供。

（二）江鹏飞家族葫芦雕刻谱系

江鹏飞，男，1978年生，东昌府区梁水镇江庄村人，聊城市东昌府区江葫芦文化发展有限公司总经理。江鹏飞在十几岁时，曾学习葫芦雕刻技艺，并经营葫芦加工与销售业，后来转向新疆大葫芦种植和加工。其作品曾获江北水城文化旅游节指定产品、北京首届文化创意博览会个人金奖、2007年辽宁葫芦岛国际葫芦文化艺术节最佳工艺奖等。

江鹏飞的葫芦作品获奖

据江鹏飞等人提供的资料，江氏家族葫芦雕刻谱系大致如下：

代　别	姓　名	性　别	出生年月
第一代	江之深	男	不详
	江之栋	男	不详
第二代	江家训	男	不详
	江家祯	男	不详

代　别	姓　名	性　别	出生年月
第三代	江金池	男	不详
	江金太	男	不详
	江金阶	男	不详
	江金堂	男	不详
第四代	江学善	男	1911 年
	江式旺	男	1916 年
	江式周	男	不详
	江学德	男	1926 年
第五代	江玉高	男	1945 年
	江玉生	男	1938 年
	江从新	男	1963 年
第六代	江鹏飞	男	1978 年
	江运北	男	1978 年
	江运东	男	1967 年
	江运华	男	1955 年
第七代	江红海	男	1985 年
	江红斌	男	1990 年

五　东昌府区之外的葫芦雕刻

作为聊城葫芦雕刻中心，东昌对周边地区葫芦文化发展产生了辐射性影响，在临清、茌平、冠县、阳谷等地，当地民间艺人和群众也从事葫芦种植、加工，其中冠县宝德葫芦、阳谷脸谱葫芦较为出名，它们与东昌雕刻葫芦有密切联系，一起构成了蔚然大观的聊城雕刻葫芦文化。

（一）冠县宝德葫芦[①]

冠县辛集乡岳胡庄村有几百年葫芦种植加工的历史，被誉为"鲁西民间一绝"的"宝德葫芦"就出自岳胡庄村。宝德葫芦是在祖传"刻花葫芦"的基础上创新发展而成的民间葫芦工艺品种。它从传统的刻花、片花发展到烙花、浮雕、高浮雕、透雕等多种手法，品种也从"蝈子葫芦"发展到上百个品种。

刻花葫芦的种植主要分布于辛集乡岳胡庄村周边的几个村庄。过去，每到秋天，市场上就会有卖"蝈子葫芦"的，扁圆形的葫芦，染成深红或深绿色，刻上几笔简单的花草，雅致漂亮，深受群众欢迎。葫芦成熟收获后，用特殊的方法去掉外面的一层薄皮，然后在上面刻出花卉人物、填上颜色。

民间艺人经过多年的葫芦种植、加工实践，形成了一整套葫芦种植技术和刻花工艺。在葫芦的生长过程中使用特殊方法控制其生长，以改变葫芦个体的质地、形状、大小，成熟之后，去掉外面的一层薄皮，露出木质部，色泽匀净，黄中带褐，光洁平滑。并根据个体差异进行构思，展开联想，赋予葫芦以新的内涵，采用刻、烙、片、染、浮雕、高浮雕、透雕等技法进行加工，刻出花、鸟、人物、景观，填上颜色，使葫芦成为极富观赏价值的工艺品，既继承了浓厚的传统美学风格，又有了大胆的创新。目前，刻花葫芦品种已达几十个，不单纯是过去的"蝈子葫芦"，有刻花、片花、烙画、剜花等工艺。由于做工非常精细，有很多外国友人前来购买收藏。近几年，宝德葫芦制作工艺有了很大发展。在葫芦的生长期间，艺人们便用特殊的方法使其变形，或扁、或圆、或方、或长、或人形，还可以用一种叫"掐花"的办法让葫芦长出浮雕式的图案。从图案上看，花卉翎毛、仙佛人物、题诗题词，无所不有，已经成为古朴雅致的摆设上品。

宝德葫芦不但在鲁西一带深受广大群众欢迎，也受到各级专家的高度评价。产品直销京、津、沪等地，并远销至新加坡、朝鲜、韩国、越南、

[①] 参见殷立森主编：《聊城文化遗产大观》，山东友谊出版社2007年版，第222—224页。

日本、加拿大、美国、英国等国家，1996 年，宝德葫芦在"山东省第二届民间工艺品博览会"上获金奖，2005 年在"聊城市民间艺术绝活大赛"上获两金两银奖，2006 年在中国深圳国际文化博览会和山东文博会上的作品，一经展出，全部销售一空。

（二）阳谷脸谱葫芦①

脸谱葫芦是流传于鲁西一带的民间工艺品，它的最初雏形来源于黄河中下游两岸渔民日常生活中打鱼时最原始的"救生圈"，有的作为酒器用来盛酒。后来，为了美观好看，或者说是为了作为记号，人们便在葫芦上刻画各种图案，此后逐渐改进，最终热爱戏剧的人将脸谱刻画到上面，形成了现今别具一格的工艺美术品。

葫芦是盛产于鲁西地区的一种装饰植物，结果多，造型美观，每到秋末摘下晾干，去皮后，便可用来绘画图案。绘画时要先打好底子，然后再起草脸谱。待用颜料填完颜色，晾干，罩上面漆，一件脸谱葫芦艺术品也就完成了。不过，在葫芦上画脸谱和在宣纸上画是不一样的。在葫芦上画要选好角度，掌握好对称、倍数的关系，不然画出来的图案没有立体感。

葫芦脸谱选用的题材以京剧的净、末、丑为主，主要有《三国演义》、《水浒传》、《西游记》、《施公案》、《隋唐演义》、《岳飞传》等文学作品中的七大类人物，大约百余种，个个栩栩如生，可以说看了脸谱葫芦，就等于在戏剧艺术殿堂里走了一遭，增长了戏剧艺术知识，所以脸谱葫芦深受人民喜爱。

脸谱葫芦直到清末民初，才被京剧爱好者把脸谱刻画到葫芦上，并逐步达到图案清晰、刻工精细。脸谱葫芦传人辛福春带着他所创作的作品，曾参加了在深圳召开的第二届国际文化博览会和山东省首届国际文化博览会、山东省非物质文化成果展以及第五届江北水城旅游节，受到国内外游客的喜爱。

---

① 参见殷立森主编：《聊城文化遗产大观》，山东友谊出版社 2007 年版，第 218-219 页。

第三节 东昌葫芦雕刻名家故事

聊城位于黄河下游的鲁西平原，其西部为著名的马颊河，有充足的水资源和独特的土壤、气候条件，适合葫芦的种植和生长，历史上东昌府便以盛产品质上乘的葫芦而闻名，这为葫芦雕刻技艺的发展提供了有利的条件，成就一代代葫芦雕刻名家。在晚清、民国时期，东昌府区出现了很多"刀下生花"的匏艺大家，如李文朴、郑时均、萧必衡、黄玉谷、李尚贤、郎发敏、陈金语、杨印台等，有的至今被当地行业艺人称为"师爷"。建国初，还有杨际俊、谷运章、郝春林等艺匠传承不息。至当代，聊城地区的葫芦雕刻艺匠也是名家辈出，如朱桂英、李玉成、郝洪燃、于凤刚、王心生、杨咏梅、路孟昆、王树峰、谭庆顺、江春涛等，以及从聊城走出去的葫芦雕刻家张跃进、张太岭等。他们或独擅一技，或兼容多艺，将葫芦雕刻文化代代相传，创新发展。在新的时代，一批批民间艺术家和他们的作品走出本地，走向全国和世界，推进了东昌葫芦文化事业的前进，迎来了空前发展的高峰。以下按年龄长幼的顺序，介绍一下当代聊城葫芦雕刻界的名家新秀。

一 蝈蝈葫芦工艺师：朱桂英[①]

朱桂英，女，1945年生。20世纪70年代初期，聊城工艺美术厂成立，一批美术师被调到工艺美术厂，作为厂里的设计师，赴青岛进修，学习雕刻、绘画等。其中就有后来以雕刻蝈蝈葫芦闻名于世的朱桂英女士。

朱桂英和其他同行在师承传统雕刻葫芦工艺技法的基础上，大胆创新，把葫芦切割，组合造型，改平刻为透刻，使图案立体化，创造出了许多各具特色的新产品。与传统雕刻葫芦有所不同，朱桂英在早期葫芦

① 此处有关原始资料，由朱桂英、李广印、王涛等人提供，特此致谢。

朱桂英蝈蝈葫芦作品（段培坤摄）　　　　　　朱桂英蝈蝈葫芦作品（段培坤摄）

雕刻的创作中，运用透雕技法加工葫芦的顶端，并以国画的形式将古典文学故事等一些经典图案绘制于葫芦上。同时，用玉米皮、璜香、马尾等材料做成栩栩如生的蝈蝈，立在雕好的葫芦上。这样一来，葫芦与蝈蝈在整体上形成了有构思、有布局、有造型、有技巧的艺术精品。

朱桂英的雕刻葫芦做工精湛、构思巧妙，格调新颖，雅俗共赏，曾在山东省民间工艺美术汇报观摩展览中数次获奖，受到国内同行的好评，并作为当时聊城的重要外贸商品，远销流传至日本、新加坡等国，使东昌雕刻葫芦名扬天下。

二　闫寺"葫芦李"：李玉成[1]

李玉成，男，东昌府区闫寺办事处人，山东省非物质文化遗产代表性传承人，人称"葫芦李"。他热爱葫芦文化，自己的家也被布置成葫芦展馆，大大小小、形状各异的葫芦挤满屋子，雕刻作品上的花鸟鱼虫

---

[1] 此处有关葫芦雕刻家李玉成的原始资料，由李玉成、王涛等人提供，特此致谢。

 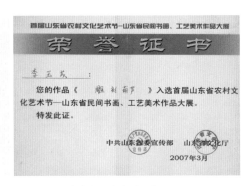

李玉成雕刻的《红楼梦》人物葫芦　　　　　李玉成雕刻葫芦作品的荣誉证书

惟妙惟肖，栩栩如生。李玉成对葫芦的爱好源于儿时的兴趣，他自幼跟随李尚贤老先生学习葫芦雕刻。在"文化大革命"期间，因种葫芦、卖葫芦等行为被视作走资本主义道路而受到批判，被迫停止学习。1981年，他又重新拿起刻刀，学习葫芦雕刻。二十多年来，李玉成以针代笔，以墨为色，不知刻坏了多少个葫芦，终于练就了娴熟的技艺。为了雕刻出精致的图案，他曾细心收集了绘有各种图案的葫芦样本，向民间老艺人虚心学习请教。有时为了学会一种雕刻手法，反复练习，直到掌握为止，并在前人基础上有所创新。如以前雕刻葫芦都是单一的黑色，看上去比较单调，他通过潜心钻研，把雕刻葫芦发展为多种颜色并存。又如传统的雕刻题材比较单一，他在继承"八仙人""四出戏""武松打虎"等已有素材的基础上，独创"梁山一百单八将""十二生肖"等题材，后来还把《西游记》《红楼梦》《三国演义》《金瓶梅》等文学作品中的人物形象雕刻到葫芦上。

李玉成对于雕、刻、烙、镂等技艺，皆精熟于胸，其中又较擅长刀刻、针雕。他的作品题材以戏曲人物、古典名著、人物故事、民间传说及山水、花鸟等为主，立意新颖别致，线条流畅自然，造型质朴生动，既有传统绘画线描的优美与细腻，又有中国水墨画的典雅与清丽，古而不拙，细而不泥。他擅长雕刻"八仙过海""二龙戏珠""武松打虎"等图案，特别是在"八仙过海"葫芦工艺品中，所刻的每个人物都活灵活现，栩栩如生，显示了他的高超技艺和精湛水平。1998年，由东方出版社出版的《中国葫芦器与鸣虫》中收入其作品 6 件。其雕刻葫芦作品曾入选首届山东省农村文化艺术节、山东省非物质文化遗产精品展。他曾多次参加各种对外文化交流，如"上海世博会"山东活动周文化演艺活动、世界教科文组织总部葫芦雕刻技艺展示等，是聊城对外文化交流的杰出代表，为传承与光大东昌府葫芦文化作出了巨大的贡献。

在传承与光大葫芦雕刻技艺之余，李玉成还成立了玉成雕刻葫芦公司，探索葫芦文化的产业化发展。公司是一家正规化经营的注册公司，设于闫寺街道办事处，现有包括员工、技术骨干以及种植基地、传习培训所、葫芦文化研究、一级网站、加工储存等在内的一系列软件、硬件配套设施，是聊城市雕刻工艺葫芦行业的骨干企业。公司产品远销全国各地和世界各国，成为载誉四海的葫芦雕刻名牌。

公司现有技术骨干 26 人，形成以纯正的本土传统手工雕镂工艺为主要特色，兼融烙绘与彩绘等现代新工艺的雕刻葫芦体系。公司的葫芦产品，按使用功能分为两个大类：一是观赏类，例如雕有戏剧人物、花草禽鸟图案的平雕、透雕、凸雕等工艺葫芦；二是实用类，例如酒葫芦、药葫芦、葫芦茶具、餐具、笔筒等。按葫芦形状，又有圆、直、亚腰、范制四大类葫芦制品，多达 100 余个种类。公司同时兼营葫芦原材料，现有 500 多亩葫芦种植基地，种植十余种形态的葫芦，年产葫芦 400 多万个。玉成雕刻葫芦有限公司的工艺水平不仅在聊城同行业中处于领先地位，而且具有一定的国际知名度。如在香港，题有李玉成款识的雕刻葫芦与宝石金银首饰等同台摆售，一只半透雕的亚腰古装人物葫芦，售价在千元人民币以上。

三 葫芦惠民的村支书：王心生①

王心生，男，1958 年生，聊城东昌府梁水镇后王村人，东昌葫芦

---

① 此处有关葫芦雕刻家杨咏梅的原始资料，由王心生、王涛等人提供，特此致谢。

王心生展示葫芦雕刻技艺

雕刻省级传承人、东昌府区王氏葫芦雕刻工艺第六代传承人。雕刻技法以刻葫芦、片葫芦和戏葫芦为主，尤擅长片葫芦。为发扬东昌府葫芦文化，他远赴北京、天津等地拜师学艺，回到村里带领全村农民种植葫芦，建立葫芦加工厂。

王心生自2001年担任后王村党支部书记以后，倡导村民种植葫芦500余亩，带领本村和邻村留守妇女学习葫芦雕刻技艺，并于同年开办东昌葫芦雕刻加工厂。从2002年至2015年，由他发展葫芦雕刻传承技艺的人有100余位，在本镇发展葫芦种植已达到千余亩，每亩经济效益在万元以上（每人可种植管理两亩，收入2万余元），留守妇女在葫芦加工厂进行葫芦雕刻、烙画、片花、彩绘等工艺，每月可收入1500—2000多元。2015年，后王村总人口有370人，耕地面积为800余亩，葫芦种植面积600余亩，人均年收入16000余元。在王心生的带领下，葫芦加工户增加了10余户，既解决了周边村留守妇女的再就业问题。又发展了葫芦雕刻的传承事业。

此外，他还免费开办葫芦雕刻传承技艺培训班，授课十几次，让更多的人学习葫芦雕刻技艺，增加了民众收入。2016 年，王心生在本镇计划种植葫芦面积 2000 余亩，预计收入 2000 余万元，解决留守妇女再就业 200 余人。由王心生等人雕刻的葫芦产品销路颇好，其中有些远销至国外，如新加坡、朝鲜、韩国、越南、加拿大、英国等。中央电视台、山东电视台、聊城电视台和《大众日报》《大众科技报》《聊城日报》等多家媒体曾对此作过专门的报道和介绍。2006 年，他被中央电视台《致富经》栏目评为"全国百姓创业新闻人物"。王心生的惠民之举既使老百姓获利受益，又使葫芦雕刻这一技艺得到传承发扬。截至 2015 年，王心生已培养了以王井河、王俊广为代表的第七代传人，为东昌府葫芦雕刻技艺的传承作出了很大的贡献。

四 片花葫芦一把刀：路孟昆[1]

路孟昆，1964 年生，聊城市东昌府区梁水镇人。年幼时他对绘画非常感兴趣，颇有天赋，自学成才，精通葫芦烙画技艺，后拜其岳父、东昌著名的葫芦雕刻家谷运章先生为师，得其真传。他的刀工流畅，繁简有致，张弛得当，因葫芦制宜，得到了业界人士的广泛认可，有"一把刀子'骗'天下"之称。但是路孟昆在葫芦雕刻艺术传承与创作的道路上并非平坦如砥，而是机缘巧合，几经周折。

起初他经商，大小生意做了几十种，有赚有赔，不温不火。后因孩子的缘故，他放下外面一切，回到家乡，心情消沉，颓废数年。1995 年前后，在妻子谷焕芩的建议下，他拾起多年不用的画笔，开始在葫芦上写写划划，接触葫芦工艺。刚开始，路孟昆最拿手的是烙画工艺，那时一天差不多能烙 2 个大葫芦，攒够 10 个葫芦，就带到市区摆摊出售。出乎他的意料，加工后的葫芦工艺品特别受欢迎，一天能卖 30—150 元，这在当时是一笔相当可观的收入。随着财富的积累，路孟昆种植收购了

---

[1] 此处有关葫芦雕刻家路孟昆的原始资料，由路孟昆、王涛等人提供，特此致谢。

路孟昆在现场进行葫芦雕刻　　　　　　　路孟昆在现场传授片花技艺

更多的葫芦，并全身心地投入到葫芦艺术加工与创作的世界中，烙画工艺得到不断的提高，日益精深。在不断实践中，他又涉猎和精研其他技法，拜其岳丈谷运章先生为师，学习扎花、片花技艺，并在某些方面有所突破与创新。最终路孟昆掌握了火烙画、阴阳雕刻、彩绘、针刺等多种葫芦雕刻技巧，但他更青睐片刻技艺。在他看来，"片刻工艺，就像我这个人，简单粗犷豪放而又不失优雅精致，每一次刻刀刻在葫芦上都让我心花怒放"。在每一次片刻葫芦过程中，他都会在前人的基础上添加一些有新意的东西。如传统花型大概有"一片白""开不败""麦穗花"等吉祥图案，触类旁通，他还创作了"喜鹊报喜""百花齐放""百鸟争鸣""一帆风顺"等图案和独特的片刻字体。

艺术让人心情愉悦，也给人带来无限机遇。2000年的一天，济南九顶塔民族风情园的创始人庞华前往聊城，寻找当地的能工巧匠，请他们去园里表演擅长的技艺。经人介绍，他走访路孟昆，当看到路孟昆在数分钟内就片刻出一只小鸟、一簇花，惊叹不已，随即发出邀请。在之后8年中，路孟昆应邀参加过上百场民俗工艺展览会和交流会，在济南施展才艺，光大葫芦技艺。2006年，他代表山东，前往新加坡参加"春城洋溢华夏情中新文化交流会"，现场展示东昌片刻葫芦技艺，受到新加坡前总统李光耀的热情接待和赞赏。中央电视台七频道、齐鲁电视台、杭州电视台、齐鲁晚报、中国书画报等各大新闻媒体对他的雕刻技艺均有报道或专访。

随着路孟昆作品的外传，他的名声越来越响，慕名而来求学的人络绎不绝。路孟昆都免费传授，至今出徒的学生约有百余位。他们来自全国各地，也有部分外国友人，不少人活跃在当今葫芦文化界，如南京葫芦协会会长李扬、河北 90 后葫芦妹王回青、新疆伊犁心蓝等，成为葫芦雕刻技艺传承与光大队伍中的生力军。

五　东昌葫芦产业的领头雁：郝洪燃[①]

郝洪燃，1965 年生，高中文化，堂邑镇路庄村人，东昌葫芦雕刻第六代传承人中的优秀代表，聊城市级非物质文化遗产代表性传承人。

堂邑镇路庄村种植和加工葫芦的历史源远流长，有着千年的文化积淀。生于斯、长于斯的郝洪燃从小接触葫芦，家里到处都是父母刻的葫芦，可以说是在葫芦堆里长大的。加上他喜欢画画，颇有几份天赋，小学二年级就能临摹各种有趣的图画，父亲发现后，特意让他学习葫芦雕刻。郝洪燃最初学习葫芦雕刻手艺，除了兴趣和家庭原因之外，更多的是为了生计。当时村里年轻人没有几个学习葫芦雕刻的，他发现这门传统工艺总得有人传承，物以稀为贵，自己学好之后，肯定可以养家糊口，安身立命。郝洪燃学习葫芦雕刻，初有所成，从 1986 年真正开始雕刻葫芦。当时老一辈的艺术家们制作葫芦，大抵有片花和针雕两种工艺，都是自己制作雕刻工具，图案较为粗糙。他还记得当时父亲坐在煤油灯下，花费三四天的时间，在一个葫芦上刻八仙过海、盗玉杯等二十多个人物，到北京也就卖 2.5 元左右。在雕刻葫芦时，郝洪燃觉得工具不够顺手，而且图案太多，过于繁杂，于是开始琢磨如何改进工具。首先，他将原有的笔改良为铁笔，并从当时的挂历图案上得到启发，开始临摹挂历图案，如嫦娥奔月、天女散花、四美图等。这样可将葫芦上的人物减少一

---

① 此处有关葫芦雕刻家郝洪燃的资料，由《东昌时讯》记者张珊女士提供和郝洪燃先生并指正，特此致谢。

半多，一天可以刻两三个，大大提高了效率。而这种简单又新颖的葫芦在市场上也很受欢迎，不仅卖到4元一个，还被抢购一空，供不应求。这次经历让他尝试到葫芦工艺创新带来的甜头，更坚定了从事葫芦雕刻技艺传承与发展的信念。

郝洪燃在烙画葫芦

1988年，郝洪燃第二次随父亲去天津，发现了一个烙有上山虎下山虎图案的葫芦，画面栩栩如生，深深吸引了他。在与卖家多次沟通后，他以40元现钱和一些自制葫芦作抵押，将葫芦带回家。之后，他反复观摩、学习这种葫芦作品的画法和技巧。要做出烙画葫芦，首先得解决工具的问题。他没有烙铁，便让做电工的哥哥做，但效果不理想。1991年，他有一次去济南送葫芦，在济南王老师烙画木板画中，发现烙木板画的工具，尝试作烙铁的替代品，但效果不佳。再后来，他在上海江阴路上一家店铺发现了这种电烙铁，买了一把，回家后就开始实验。因为固定的瓦数无法控制深浅，所以一烙，在葫芦表现上就是一片黑，影响美观，根本无法做成工艺品。为了保持温度，他就边烙画，边用嘴吹，保持烙铁顶端适当的温度，但吹的效果仍然欠佳。最后，郝洪燃又去济南买了20w、30w、40w、50w的烙铁，带回家逐个实验。刚开始，因为不熟练，拿捏不住火候，损坏了不少葫芦。但功夫不负有心人，在1992年的冬天某日，他披着棉袄，戴上帽子，在风扇下进行试验，终于烙成一对像样的上山虎下山虎烙画葫芦。这次他拿着自己的作品去天津卖，虽价格不及葫芦雕刻高手，但也颇受欢迎。在此基础上，他烙画葫芦越来越熟练，能用电烙工具创造出傲气十足的雄鹰、秀丽可餐的山水、奔驰自由的骏马等各类主题的葫芦作品，个个都有绝妙之处。

东昌府堂邑镇葫芦协会设在郝洪燃的葫芦加工厂

　　如今，郝洪燃在原有的雕刻、烙画等技术上不断创新，完善了勒扎、浮雕等技艺。他在葫芦雕刻技艺方面，片、雕、镂等并重，尤精针刺雕刻，大胆采用多种手法，使葫芦雕刻工艺在传承中得到创新，更加丰富。惟妙惟肖的神话故事、端庄秀美的仕女图、意境优美的山水画，经过郝洪燃的手，或烙印、或彩绘、或镂空，淋漓尽致地展现在一个个普通的葫芦上，成为一件件精美的工艺品。在不断融合传统文化与创新工艺中，他将烙画、矸花、绘花、拼接、范制、勒扎、打结等数十个葫芦加工技艺和作品推销至全国各地，从卖葫芦变成手艺、葫芦一齐卖，京津地区渐渐也有了东昌葫芦的名号。作为堂邑葫芦工艺第六代传人，郝洪燃是市、区级非物质文化遗产传承人，其作品在聊城和其他地方的葫芦文化节上多次获奖。

　　除了革新烙画等雕刻技艺之外，郝洪燃处处做有心人，在葫芦培植和加工营销上，也探索出一条路子来。在葫芦培植方面，他在 2000 年就利用道口铺乡王月河村冬天闲置的大棚，签订合同，培植葫芦。后来，又将其发展到夏津、康庄、临清科技园、冠县科技园等地，开辟葫芦种植园。2001年，他不顾家人反对，在自家12亩地里全都种上葫芦。为了满足市场需求，郝洪燃想办法扩大种植面积，从自己种植到让村民承包种植，并引进和增添葫芦新品种，规模相当可观。每年到葫芦收获季节时，在路庄村可见全国各地客商来到村里，从各家各户选购葫芦，郝洪燃的葫芦供应量要格外地大，全归功于他当初想方设法地扩展葫芦种植面积并付诸实践。

在葫芦加工上，1994年，他在上海市场上偶然发现有人卖葫芦摆件，而且价格不菲。头脑灵活的他一下子意识到其中巨大的商机，随后，开始一步步地实践着自己的想法。他先是带领自己家人制作葫芦摆件。2001年，郝洪燃建起自己的葫芦加工厂，从自己出资到找合伙人入股出资，壮大加工厂的实力，扩展产品销路。2002年，他又与侯营镇美术学校签订协议，招收一些有美术功底的学徒。当年十月，第一批学生随他学习葫芦雕刻技艺，有的进入到他的加工厂，生产葫芦工艺品摆件等。据郝洪燃介绍，加工厂最多的时候有47人，这个规模在当时全国的葫芦加工业里应该是比较大的一家。此外，涉及一些简单的葫芦加工，他鼓励附近村民领货回家，自己制作。在葫芦制作工艺上，他还多次带领徒弟去各地展销会参观学习，发现新品种、新工艺，并积极探索，借鉴创新。凭借高超技艺、思路创新和诚信经营，郝洪燃和他厂子里的产品获得了同行和商家的交口赞誉，名声在外。现在，很多葫芦还没在工厂加工完，就早已被一些老客户预定了。

在葫芦市场营销上，以前，郝洪燃所在路庄村葫芦知名度不高，人们卖葫芦都是扛着口袋走南闯北，到各地景点摆地摊，或到工艺品店推销产品。随着时间的流转，村里有200多户常年在全国各地跑市场，路庄的葫芦品牌打响了，成为"金字招牌"，但渠道仍然太窄。如何更多、更快捷地销售出本地的葫芦工艺品，成为路庄葫芦产业发展的瓶颈。在经营葫芦工厂的过程中，郝洪燃敏锐地发现了网络销售的优势，于是他找专业人员为自己做了个葫芦网站，精美的葫芦图片吸引了大批爱好者，月点击量上万次。通过网站，他结识了很多葫芦爱好者、民间艺术家和制作葫芦工艺品的企业。他还注册了"中国葫芦第一村"商标，不断拓宽销售渠道，提升自己产品的知名度。在他的带动下，村里其他加工户纷纷效仿。随着网络经济的发展，不到几年，网上直销途径超越了传统销售模式，渐渐成为路庄葫芦的外销主要渠道。

郝洪燃既是堂邑镇路庄村工艺葫芦加工制品公司的负责人，也是东昌葫芦雕刻非遗传承人。他深深地热爱自己脚下的这片乡土，助力扶贫，共同致富，是他义不容辞之事。为此，他成立了葫芦种植专业合作社，使村民种植葫芦的热情日益高涨。现在有十几户人家在他的厂子中，从事葫芦加工。此外，他还为淘宝上的店主免费提供图片拍摄场所，为对葫芦工艺感兴趣的村民耐心传授经验，由他培养的葫芦加工艺人达300余人。在郝洪燃的带领下，至今路庄种植葫芦达四五千亩，并形成种植、加工、销售一条龙的葫芦产业链，路庄村葫芦经济产业已由当初单一的种植、简单的加工发展成为以加工工艺葫芦为主兼顾其他的全面发展。目前，全村有200多台机器，在做各式各样的工艺葫芦，多的家里有五台，少的也有两台。在网络营销上，受郝洪燃等人的影响，村民纷纷注册网店，在淘宝网路庄村人的商铺有三百多家，阿里巴巴网也有47户，其中葫芦加工方面的商户占95%以上。在网上搜寻"工艺葫芦"关键词，网页信息一半是来自堂邑路庄。据媒体报道，路庄村销售的工艺葫芦量非常大，约占全国市场80%左右的份额。因为网上交易频繁，快件数量大，路庄成为物流公司的汇集地，吸引了六七家快递公司在村内驻点。慕名前来考察、洽谈的客商越来越多，带动了路庄村附近的酒店、住宿和餐饮业，成为路庄村民众发家致富的新途径。

在制作工艺葫芦的世界里，郝洪燃当初只是为了生计之需踏上葫芦雕刻之路，后来用心做大做强葫芦产业，动脑解决难题，多方筹措资金，投入到葫芦加工、技艺提升、种植栽培、市场营销等方面，不断开发新产品，发现新价值，延长产业链，注册知识产权，进行公司化运作，使小小葫芦焕发最大价值，让自己和周边乡亲受益。他开堂邑镇葫芦文化产业发展之先河，是名副其实的"领头雁"。

郝洪燃将手中的技艺传承、光大，刻葫芦、卖葫芦、传扬葫芦文化就是他的工作和生活，也是他造福一方、惠及乡里的一门手艺。可以说，小小葫芦就是他的整个世界。他创业的一生，反映了普通的东昌葫芦雕刻匠人默默奋斗的历程，是无数东昌葫芦人传承弘扬葫芦文化的缩影。

六　堂邑镇的葫芦王：于风刚[①]

于风刚，男，1976年生，中专学历，聊城市东昌府区福禄缘葫芦工艺制品有限公司法人代表，聊城市葫芦新工艺研发中心负责人、聊城市东昌葫芦种植加工专业合作社法人代表。他与葫芦雕刻的故事要从当年中专毕业后说起。

1997年，于风刚中专毕业后，回到农村老家，发挥其工艺美术专业的优长，跟随父亲及老师傅学习葫芦加工技术，进步很快，数年后与朋友合建葫芦加工厂。2007年10月，他又创建聊城市东昌府区福禄缘葫芦工艺制品有限公司。公司实行公司＋农户的经营模式，带动堂邑镇、梁水镇、张炉集镇、道口铺办事处等30余个村的420家农户搞起了葫芦的种植及加工。仅种植葫芦一项，每年可为农户增收500余万元。

除了创办和经营葫芦公司之外，于风刚常年从事葫芦研究和加工，对东昌雕刻葫芦的历史、现状、发展有深刻的认识和独到的见解。他系统地继承了东昌雕刻葫芦针刻和片花的传统工艺，以传统雕刻、烙画和浮雕见长，同时大胆借鉴和融入一些新工艺，开发出葫芦茶具、葫芦餐具、葫芦灯等实用器具葫芦，形成自己的特色，拓宽了葫芦市场。他的技艺与成就不菲，有目共睹，其作品先后荣获2007年葫芦岛第二届国际葫芦文化节最佳工艺三等奖、第四届聊城葫芦文化艺术节精品葫芦大赛二等奖、中国（浙江）非物质文化遗产博览会优秀奖等，被业界人士称为"中

---

① 此处有关葫芦雕刻家于风刚的资料，由于风刚、王涛等人提供，特此致谢。

于风刚烙花葫芦

于风刚大漆工艺葫芦

于风刚浮雕葫芦作品

于风刚镂空葫芦作品

华葫芦王"，是活跃在东昌民间葫芦文化界的一代名家。

七　大杨庄葫芦雕刻女杰：杨咏梅[1]

梁水镇作为东昌府区葫芦加工的重镇，艺匠名家辈出。在 20 世纪 40 年代前后，该镇下辖的大杨庄曾经家家种植、雕刻、加工和销售葫芦，

① 此处有关葫芦雕刻家杨咏梅的原始资料，由杨咏梅、王涛等人提供，特此致谢。

是当时名副其实的葫芦产业中心。现在，梁水镇虽然已无当年的盛况，但仍有不少葫芦雕刻新秀涌现，杨咏梅是其中的佼佼者。作为该镇杨氏雕刻葫芦第四代传人，也是唯一的女性传承人，她与雕刻葫芦的结缘，曾有过一段耐人寻味的故事。

杨咏梅出生在梁水镇大杨庄，这个村子很大，她雕刻葫芦的渊源颇深，上可追溯至百年前的老艺人——杨氏祖人杨珉。在杨咏梅家族中，其高祖父杨庆森开其端，曾师从杨珉，学习雕刻葫芦，技法高超，以"快手"著称。当地至今还流传着这样一个故事，说杨庆森学艺之初，家庭生活困难，逢大杨庄有集，就会去赶集卖葫芦。他的卖法很特别，是一手拿着刻刀，一手拿着葫芦，出家门，边走边刻，等到了集上，一个工艺品早已完成。然后，他用刻好的葫芦换取自己需要的生活用品，补贴家用。后来，随着杨庆森雕刻技艺日臻成熟，逐步发展成为这个家庭维系生计的重要手段，世代相传。但在传承技艺方面，受时代和传统行业思想的影响，杨咏梅家族形成"隔代相传""传男不传女"的规定。作为杨氏雕刻技艺的第二代传人，杨庆森没有将其手艺传给其子，而是传给其孙杨连增。杨连增葫芦雕刻水平很高，同样非常有名，与当时大杨庄村的刻葫芦名人杨印台、杨际俊、杨百银，同称为"葫芦四杨"。

杨咏梅出生在这样一个葫芦雕刻世家，从小耳濡目染，对葫芦和葫芦雕刻有一种天然的亲近和爱好。每当她看到祖父在葫芦上雕刻，心生羡慕，梦想如果自己也能刻出如此漂亮的葫芦该有多好。按理说，在这种环境和兴趣的影响下，小咏梅学习葫芦雕刻技艺是自然而然的事情，但因传男不传女的家规所限，她的学艺路历经曲折。当初，她曾试着向祖父透露自己的心愿，却被祖父一句"女孩子干不了这活"给拒绝了。她转而又求助于当教师的母亲说情，仍行不通。心性坚韧的杨咏梅没有放弃，想以自己的行动来改变长辈的观念。有一天，趁着祖父外出，她壮着胆子拿出葫芦坯子和刻刀，比照已经刻好的葫芦，偷偷刻了一个，并展示给家人看。这件事之后，她的祖父渐渐转变原来的想法，并在家人亲戚的说服下，同意破除成规，将技艺传于孙女。从此，杨咏梅正式开始从师学艺，将家传的葫芦雕刻传承光大，最终成为杨氏雕刻技法第四代传人，也是唯一的女性传承人。

杨咏梅作品获奖证书

不过，学艺的门槛虽然跃过，且小咏梅也有5、6岁学画的功底，但要想真正掌握这门技艺，还要付出很多的艰辛和努力，用心去做。在初学之时，杨咏梅对力道的认识深有休会，对"传男不传女"的行规也有了新的理解，也知道当初爷爷为何不让自己学习葫芦雕刻的缘故了。因为葫芦表面不仅光滑，而且有很强的硬度，每一刀、每一笔、每一画，都必须讲求"稳""准""妙"，要有足够的力道。这对于一个弱女子来说，要达到这种精妙的境界，没有勤学苦练是难以想象的。为此，杨咏梅专门找来一些廉价的硬木练习笔画，干一些重体力活，加强臂力，不论严寒与酷暑，每天坚持不懈，硬木不知用掉了多少块，刻刀不知磨钝了多少把。除了力道之外，雕刻葫芦更多的还需要用心，胸中有乾坤，下笔如有神。在葫芦上创作，非同纸上，既要构思缜密，又要行云流水，容不得半点马虎，更不允许涂改或修补。这就要求雕刻者对原材料进行深入的分析和研究，根据毛坯的形状、大小、特点，甚至是收藏者的要求，加以艺术化的想象，达到葫芦与画作的完美结合。所以，在这门艺术里，每一件作品都是独一无二的，都是作者灵感、智慧、心血与现实的集合。杨咏梅坚信任何艺术都是源于生活，升华于艺术，回归于生活。为此，在得到祖父传授传统画法和技巧的同时，注重观察和把握生活中的一些素材，把人们居家生活的细节、工作劳动的场景和对美好生活的向往、以及自然画面等等，经过艺术的加工，形成自己独特的审美视角，创作于葫芦之上。

经过长期的努力和艰辛的付出，杨咏梅终于学有所成，并与祖父行走于北京、徐州、济南等大城市，通过现场画、刻葫芦，来宣传与售卖葫芦作品。这种现场加工对雕刻者的要求更高，不仅要画得快，还要准确领会把握客户的意图，使其满意，否则琢磨不准，达不到人家的要求，往往闹出不愉快。起初，杨咏梅每到一地，人生地不熟，常常有些担心，也较为紧张，但基于扎实的基本功和作画时的忘我境界，她逐渐克服了上述障碍，达到游刃有余。时间长了，她都是凭着高超的技艺现场制作，且有时边走边刻，只几分钟，一只漂亮的雕刻葫芦便信手拈来，且从不打底稿。制作现场常常被围观，水泄不通，有外国人见了，更是欣喜若狂，争相购买。这些经历使她的心态和技术进一步成熟。

从入门至今，杨咏梅在艺术的道路上历经风雨坎坷，有得有失，但不管怎样，她初心未泯，坚持梦想。在杨咏梅看来，中华民族的传统文化源远流长，但关键是如何源源不断地流传下去。近几年，政府对非物质文化遗产的保护和发掘，为广大民间艺术工作者提供很大的支持，坚定了她为艺术坚守的信心。目前，杨咏梅是市级非物质文化传承人，继承了其祖父杨连增雕、刻、镂、烙、片、漆、描等手法，其作品用力恰当，刀法娴熟、唯美，曾多次在省市葫芦文化艺术节大赛中获奖，代表作《杨咏梅雕刻葫芦》被省非物质文化遗产保护中心收藏，并长期陈列展示。

八 山水葫芦烙画家：谭庆顺[①]

谭庆顺，男，1980 年生，聊城市斗虎屯任回村人，聊城市美术家协会会员，斗虎屯中心小学美术教师，擅长葫芦烙画，尤精山水题材。2001 年 7 月，他毕业于山东省聊城师范学校，专攻美术专业，此后他开始接触葫芦雕刻。在烙画山水作品方面，他先后研习宋元明清各代画法，融汇诸家之长，并以宋代斧劈皴和清代披麻皴法为主，既有锋利折

---

① 此处有关葫芦雕刻家谭庆顺的原始资料，由谭庆顺、李广印等人提供，特此致谢。

谭庆顺雕刻葫芦

谭庆顺的烙画葫芦作品

叠之劲健，又含爽利干脆之果敢，以圆润浑厚入画，画风别具一格，令人耳目一新。

　　谭庆顺雕刻葫芦的故事，要从他毕业之初说起。当时他从大学毕业，曾从事过不同的行业。后来经同学推荐，2003年秋他在八刘乡葫芦加工厂开始学画葫芦，涉猎葫芦雕刻，开始免费，学会后计件发工资。据谭庆顺回忆："开工第一天，我便急于求成，赶着出成品。先画了一幅如来佛祖，下配莲花宝座。我总是想让葫芦和国画写意一样，用笔面积又大，速度又快。可这电烙铁总是不来劲，跟不上我的要求。我则干脆把烙铁直接杵在葫芦上面了。顿时，葫芦表面冒起了滚滚烟灰，大家见状，先是吃惊然后觉得可乐，笑的前仰后合。我却急出一身汗，不知所措，愣在那里。吴师傅说不要急于求成，烙画工具和方法需要有一个适应过程。但是我在烙画的第三天就做成品了。当然期间也走了一些弯路。"烙画是一件很辛苦的事情。刚开始学时，由于坐姿不得法，经常烙脸、烙手、烙鼻子、烙腿等。即便得法，常常坐着，一坐一上午，对身体很不利。夏天画葫芦是热上加热，闷躁不堪；冬天画葫芦，则是冻得缩手缩脚。

不分白天与黑夜，莫管冬夏和春秋。经过刻苦努力，谭庆顺在葫芦雕刻艺术世界不断磨炼、领悟，水平不断提升，从一个门外徘徊的新手成长为一名技艺高超的新秀，在聊城的葫芦山水烙画上形成自己的特色，拥趸不少追随其画风的粉丝。他的作品细腻入微，层次清晰丰富，峰峦雄聚，波涛如怒，大幅气势磅礴，张力十足，小幅于方寸之间精雕细琢，入木三分。有时他也画花鸟，人物以钟馗、武松等为主，皆具阳刚勇武之势。

九　葫芦雕刻守望者：王树峰[①]

东昌葫芦雕刻是国家级非物质文化遗产保护项目。王树峰是这个项目的第六代省级传承人，他以自己独特的眼光和匠心守望葫芦雕刻技艺。

王树峰，男，1983 年生，东昌府闫寺王香坊村人。他从小学习不算出色，但酷爱美术，整天摆弄画笔，是大人眼中一个不务正业的孩子。他父亲常说，你整天在纸上画，黑乎乎的一片是什么，在集市上花几毛钱买的贴纸都比你这画的好看，书不好好念，以后就去种地，没有本事只能赚个辛苦钱。说着就把桌上的画笔扔到火炉中烧掉。当时年少的王树峰决心一定要画出一番成绩来。初中的一个暑假，王树峰到集市上为别人画像，把当天挣到的 120 元钱拿回家，来说服父亲。后来父亲不再反对，转而支持他画画，这为王树峰以后的葫芦之路奠定了基础。

说到与葫芦的缘分，还要从王树峰的家乡说起。闫寺是东昌府区葫芦种植基地，这里出产的葫芦造型优美，皮质细腻，品种繁多，很适合加工成各式各样的葫芦工艺品。王树峰第一次接触到葫芦雕刻是在 2001 年，据他回忆是在一次"江北水城"旅游节上。看到琳琅满目的葫芦工艺品时，他震惊了，原来我们家门口种植的那些葫芦不单是一种植物，它竟然可以做成那么美的工艺品。顿时，王树峰好像找到了一直

---

① 此处有关葫芦雕刻家王树峰的原始资料，由王树峰、王涛等人提供，特此致谢。

王树峰作品

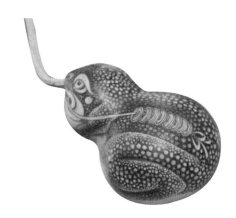

王树峰作品

寻找的光明道路，激起了心中对葫芦的喜爱之情，很快便投入到葫芦的制作与研究当中。

王树峰到处寻找当地老艺人，向他们拜师学艺，前后向李玉成等老师求教，学习葫芦雕刻技艺。他冬天在没有暖气的房间里，一练就是十几个小时，手冻到长满冻疮，没有知觉；夏天在装满葫芦的屋里汗流浃背，一天下来颈椎、腰椎疼得站不起来。日复一日，年复一年，这些持久的练习让王树峰的颈椎、腰椎受到损伤。但功夫不负有心人，很快王树峰就掌握了传统的扎花、片花与雕刻等技艺。

王树峰从事葫芦雕刻已有十几个年头，一路走来，他对这门技艺有了自己的看法和认识。他认为老一辈的文化与智慧要传承，后人也要创新进步，我们要做出符合这个时代人们生活需求的东西。于是他尝试着在传统的基础上，融入浮雕、烙画、彩绘等创新的技法，也就是这个时候，王树峰早年的画画经历起到了决定性作用。他彩绘在葫芦上的图案都非常逼真，意味深长。王树峰在葫芦雕刻技艺研究与实践的路上不曾放慢脚步，力求保持传统作品的原汁原味，又随机应变，与时俱进，开辟了东昌葫芦雕刻的新路新风，成为目前东昌葫芦雕刻新一代的代表人物、聊城葫芦界的综合型人才。2014 年，王树峰被山东省文化厅认定为省级非物质文化遗产传承人。

随着葫芦市场的发展，大多数人开始从手工艺制作转到机器加工生产，机器加工的葫芦样子更精细，数量化生产速度非常快，远远超过人工，导致东昌葫芦面临着十分严峻的考验，特别是技艺传承面临十分严重的问题。技艺学习的道理漫长又艰辛，现在年轻人又不愿意挑起这难扛的大梁。为了能把东昌葫芦雕刻技艺发扬传承下去，不让手艺失传，作为省级传承人的王树峰，在自己家附近办起了传习所。传习所由东昌府区文广新局为王树峰争取 8 万元扶持资金，基本解决了传习所的基础性费用，不大的房间被王树峰收拾得干净整洁。他依托传习所为平台开门收徒，有意学习者都免费受教。随着王树峰的不断努力与付出，越来越多的人知道传习所传授葫芦雕刻技艺，闻名前来学习。传习所先后迎来了众多专家学者上门参观，并成了大学生的学习实践基地。在做好传习所传习收徒的同时，王树峰在东昌府区非遗传习基地、鲁西民俗展示馆以及聊城运河书画院常年授课。王树峰让东昌葫芦走进课堂，走进生活，他常年组织非遗进校园活动，目的在于让孩子们从中了解老一辈的智慧与传统文化，从而认识对非遗保护的重要性，建立起对待非遗文化的一份情感与责任。他先后收了十几个弟子，为东昌府区培养出一批技艺精湛的葫芦雕刻人才。

十　烙画葫芦新秀：江春涛[1]

江春涛，男，1983 年生，号千树，聊城梁水镇人，美术专业出身，专职从事葫芦绘画和雕刻创作，以矽花见长。江春涛与葫芦结缘，仿佛是冥冥中的命运安排。小时候，每到假期他都会去姑姑家住上一阵。姑姑家的邻居成为他第一位美术启蒙老师，这位老师就是东昌有名的葫芦雕刻艺人杨连增先生。那时他经常去杨先生家玩耍，被满院的葫芦和刻

[1] 此处有关葫芦雕刻家江春涛的原始资料，由江春涛、李广印等人提供，特此致谢。

在葫芦上的图案所吸引。这些图案以戏曲人物、古典名著、民间传说及山水、花鸟等为主，线条流畅自然，造型质朴生动。在他的请求下，杨先生开始教他在葫芦上作画。后因在校功课紧张，没有持续的深入学习。

在从聊城师范学校毕业后，江春涛去了一家学校当美术教师。每当思考人生时，就会想到心爱的葫芦，意识到葫芦创作才是自己的追求。后来他毅然辞去工作，重新投

江春涛烙画葫芦

入到葫芦艺术的创作中。为此，江春涛先后到北京、天津等地学习，技艺也日趋成熟。

2005年，江春涛和几位志同道合的朋友成立了千树阁葫芦文化工作室，志在宣传家乡传统文化，将葫芦艺术传播到世界各地。工作室成立后，曾一度面临困境。由于知名度小，客户资源少，创作出来的作品也只能孤芳自赏了。当时的日子很是艰苦，每天伙食只能是馒头咸菜方便面，但他们依然苦中作乐，以从事自己喜爱的葫芦事业为乐。也正是在这一时期，江春涛创作了许多精品葫芦，个人风格也逐步成熟。其作品画风细腻，造型严谨，描绘人物、动物、草虫无不细致入微，惟妙惟肖，且涉猎广泛，尤善人物（古代侍女、佛像等等），题材内容包罗万象。他的葫芦作品渐渐被越来越多的人所熟知，走进了北京、上海、苏州、天津、沈阳、西安等大城市，还有些作品漂洋过海，被许多外国友人收藏。烙花葫芦《飞天》荣获第一届中国江北水城葫芦文化艺术节银奖，《金陵十二钗》《虎》分别获第二届江北水城葫芦文化艺术节银奖和铜奖，《黄财神》获得第八届江北水城葫芦文化艺术节金奖。2007年，《聊城日报》对他进行专题报道，2008年，他曾经接受《中国之声》

栏目的采访。2014年，千树阁葫芦文化工作室被聊城大学特邀，成为"聊城大学课外活动实践基地"。 2015年，千树葫芦网络贴吧开设，以葫芦为媒介，诚交天下朋友。江春涛在从事葫芦创作之路上，苦乐酸甜不同，唯有对葫芦文化艺术的追求始终如一。

十一　聊城走出去的"葫芦张"：张太岭[①]

张太岭，男，1952年生，祖籍山东聊城，现定居北京，北京葫芦张烙画艺术院院长、中国国际书画研究院副院长、中国工艺美术学会会员，人称"自行车里的烙铁画家""葫芦张"。他的烙画艺术使葫芦由农家瓜果登上了艺术殿堂，成为一种集拙朴自然和高尚精美为一体的民间艺术品，具有很高的观赏价值和收藏价值。张太岭创作的葫芦书画作品，笔饱墨酣，力健有锋，用笔精细，追求精气神俱佳，很有穿透力，让人过目不忘。他的代表作有《花开富贵》《年年有余》《松鹤延年》《钟馗醉酒》《岳飞》以及领袖、名人肖像等葫芦烫绘作品。葫芦作品《清朝十二帝》《钟馗》《飞龙在天》《大度弥勒》《开国领袖》《联合国秘书长》等人物肖像葫芦令人耳目一新，其中《烙画葫芦》获得北京乡村旅游商品设计大奖赛优秀奖。他的部分作品被一些辞书编录，有的被中国邮政、电信部门收录，向全国发行"葫芦张"电话卡和个性化邮票，成为迄今国内唯一一位作品入选邮票的葫芦艺术家。

张太岭儿童时期就酷爱书画艺术，喜欢临摹小人书中人物，在大街上看到别人写字画画，就喜欢得像着了迷似的，看上大半天舍不得离开。回到家里，就学着看到的样子，有模有样地书画起来，没想到幼年的这种爱好日后竟成就了他的艺术人生。

1972年，张太岭下乡到湖南益阳，一待就是20多年，在繁忙的劳动之余，他继续着自己的艺术之梦，自学绘画，临摹名家书画作品，学

[①] 此处相关资料由张太岭先生提供，李广印等人整理，特此致谢。

着画家去写生，有时一画起来就忙上大半天，连口水都想不起来喝。有一次，他实在渴得厉害了，端起杯子就喝，没想到竟然喝了一嘴墨汁，让人哭笑不得。所以，当时人们给他送了一个"画疯子"的外号。

1995年，张太岭因病退休，继续他的不懈追求。当时由于退休收入低，住房及家庭经济条件都不好。为此，他找到一个看自行车棚的工作，并利用车棚内的一个小房子作为自己的绘画工作间。在这个狭小的空间里，他把满腔的热情倾注到写字画画，钻研葫芦烙画艺术的世界里。他买来《齐白石画虾》《芥子园画谱》《中国历代名家白描人物》《吴道子》《敦煌壁画》等，边学边练，找来装修房子剩下的边角废料，精心修研烙画工艺，烙了大量的木版人物画，为他从事葫芦烙画事业奠定了坚实的基础。

葫芦画是一个新课题，但是这对于具有木版烙画基础的他来讲，似乎并非一件不可能的事情，因为在张铁岭的身上留存着某种技艺的基因与追梦的理想。他的祖父就擅长葫芦烙绘工艺，曾经留下一个黑红色的烙绘葫芦挂件作品，据说，他5岁时，山东闹旱灾，庄家颗粒无收，爷爷就是凭着烙绘葫芦的手艺，带着奶奶和亲手烙绘的宝葫芦到河南谋生。现在张太岭还依稀记得那个葫芦上有山的纹理，大山的阴阳向背也还隐然可见，这些图案就是爷爷当年用烧热的铁锥子烙下的。当年的宝葫芦挂件已不复存在，但他心里却一直想把爷爷的葫芦烙绘手艺传承光大。正是凭着这份希望和坚持，张太岭将儿时祖父介绍过的一些葫芦绘画方法与他的绘画技巧结合起来，细心地学习和实践，反复地揣摩和钻研，慢慢地摸索出了一套烙绘葫芦的方法与心得，渐渐地形成了自己的烙画风格。他采用"火绘工艺"将葫芦的木质材料与中国传统的烫画技法相结合，以烙铁代笔，运用国画的白描、工笔、写意等手法在葫芦上创作出不同韵味的人物、山水、花鸟、走兽等作品。他的烙画作品追求线条流畅、准确，形态真实，且轧烙结合，深入葫芦木质之内，痕深色显，久摩不变，其作品深受业界和广大葫芦工艺爱好者的赞誉。

张太岭的烙花葫芦作品

十二　书画葫芦雕刻家：张跃进①

张跃进，男，1958 年生，聊城东阿人，字鲁刻、鲁石、愚人，号博雅轩居士，我国著名的书法家、作家、葫芦雕刻家，为山东省书刻艺术家协会主席（法人代表）、山东省篆刻研究会会长、《艺术博览》杂志主编、中国书画家协会常务理事。

张跃进自幼受家庭熏陶，爱好文学艺术，8 岁学书法，10 岁学画画，14 岁喜欢刻木头，16 岁学篆刻，18 岁学服装设计、剪纸，19 岁开始发表文学作品，20 岁开始尝试学习刻葫芦、刻竹、刻瓷、刻石、刻匾，涉猎广泛。他长年醉心于书法雕刻艺术，曾受到启功、蒋维崧等前辈大家的指点，雕刻了很多艺术

张跃进②

作品，受到名家的好评。张跃进的葫芦雕刻，"集书法、绘画、雕刻于一体，技法以中国书画为基础，以奇妙的构思，精美的图案，娴熟的刀法将人物、山水、花卉、飞禽走兽刻入画面，供人欣赏，表现题材多为中国吉祥图案、历史典故、人物、唐宋诗词、名人名言等"③。

除了上列诸位之外，还有其他一些葫芦雕刻名家艺匠活跃于东昌府区及周边地区，如东昌府区杨际广、刘廷波、路宗会等和茌平县民间艺人季振山、临清市新华办事处牛八里村高海泉等，篇幅所限，不再介绍。总之，在整个聊城特别是东昌府，葫芦雕刻人才辈出，故事亦多，反映了近年来东昌葫芦文化发展的概况。

---

① 张跃进：《葫芦雕刻》，山东文化音像出版社 2011 年版，第 90 页。
② 张跃进个人照片来自"平安山东书画院"网站，http://www.pasdshy.com/shownews.asp?id=546。
③ 张跃进：《葫芦雕刻》，山东文化音像出版社 2011 年版，第 32 页。

结　语

　　聊城东昌的葫芦雕刻技艺传承千年，题材丰富、造型奇异、寓意浓厚，久负盛名，至今依然保存着独特的地域特色和艺术风格，有着很高的文化价值、学术价值和社会价值，受到社会各界的高度关注和重视。进入新世纪以来，随着葫芦文化艺术节连续十届的成功举办，特别是 2008 年东昌葫芦雕刻入选国家级非物质文化遗产保护名录，当地政府不断加大扶持葫芦文化产业的力度，一方面扩展葫芦种植面积，支持民间艺人加工、创造葫芦工艺品，引导商家投资葫芦文化产业；另一方面培养葫芦雕刻的后继人，成立葫芦文化协会，建立葫芦文化博物馆等，参加国内外葫芦文化工艺展览，举办葫芦文化艺术节，召开相关学术研讨会议，不断扩大对外宣传和交流的力度，全面打造东昌雕刻葫芦的文化品牌，积极推动葫芦经济商贸与文化产业的全面发展。

　　在政府的有力推动下，东昌葫芦雕刻技艺的传承环境有了很大改善，名家不断涌现，形成富有特色的派系；学界对东昌葫芦的研究从无到有，由浅入深，从实践考查与到学理探究，促进了东昌葫芦文化的发展；东昌雅士收藏葫芦之风，空前之盛，引领国内外风气之先。东昌社会各界人士与国内其他同仁一起努力，从不同的角度展示葫芦文化艺术之乡——东昌的发展与风貌。东昌在葫芦技艺、作品、生产、营销、交流等方面，名声远扬，形成一种模式，其作用和影响深远。诚如当代学者所见，它在某种程度上可以为其他地区的葫芦艺术或者民间艺术的生存和发展模式提供经验和借鉴。①

　　东昌葫芦雕刻技艺通过葫芦艺术家们代代相传，形成一定的传承谱系，与其他各种传承相得益彰，使聊城这项国家级非物质文化遗产得到很好的保护与发展。东昌葫芦雕刻在选材、技法、内容、审美、

---

① 苟春艳：《东昌葫芦雕刻艺术的传承与发展研究》，重庆大学硕士论文，2012 年，第 1 页。

价值等方面，独具特色，约而论之，有如下数端。

第一，东昌府葫芦表面光洁、润滑、色泽优雅，肉质肥厚，适宜雕刻加工。东昌葫芦品种繁多，造型各异。果实下部圆大，上部有一粗短柄的叫"大葫芦"；形似两个球体，上小下大，中间有一个"蜂腰"的叫"亚腰葫芦"；其形圆扁者为"扁圆葫芦"；下部浑圆，上面有一根细长柄的叫"长柄葫芦"；首尾如一，其形呈不规则圆筒形的叫"瓠子"。葫芦雕刻用料一般用前三种，"大葫芦"用来雕刻人物和山水；"亚腰葫芦"多用来刻花鸟鱼虫走兽；"扁圆葫芦"一般染成红色后，刻上花纹或者镂空用来装蝈蝈或者蛐蛐。这些葫芦也可加工成装饰用的工艺品以及杯、盘、碗、盒、笔筒、鼻烟壶、葫芦虫具等。

第二，东昌葫芦艺人将葫芦工艺代代传承，推陈出新，精益求精。一般的葫芦雕刻技法是"刻"或"片"，只在葫芦表面上做文章，并不刻透。东昌葫芦雕刻技法在做足做好"刻"或"片"功夫的基础上，又大胆借鉴"镂雕"技法，将构图以外的空白部分全部镂空，透刻上折线纹、如意纹、古钱纹等各式花纹，不仅改善了葫芦的透气传声性能，也增强了整体审美效果。东昌葫芦的加工类型也由过去针刺、片花两种类型发展成为烙画、矹花、刻花、绘花、范制、拼接等数十种，大大地提高了葫芦自身的观赏性、娱乐性、纪念性、收藏性。东昌葫芦雕刻的构图技法独具匠心，在构图上力求开合有度，繁简有序，做到繁而不乱，简而不空，亦繁亦简，因地制宜，变化无穷。整体上，东昌雕刻葫芦既具有粗犷淳朴的北方民族风格，又注重汲取民间年画、剪纸及其他工艺美术中有益的表现手法，不断拓宽表现形式的空间。

第三，东昌葫芦雕刻的内容和题材非常丰富，以花鸟、虫鱼、走兽、人物、山水居多。人物雕刻多以四大名著中的故事情节构思入画，如《三国演义》中的桃园三结义，《红楼梦》中的金陵十二钗，《西游记》中的三打白骨精，《水浒传》中的武松打虎等。其中雕刻最多的是戏曲葫芦，大多表现当地百姓耳熟能详的戏剧故事与人物，有穆桂英挂帅、三娘教子、墙头记、樊梨花征西、四郎探母等。此外还有人们熟悉崇拜的历史人物、革命英雄人物以及地方名人等，还有"八仙过海""白蛇传"等各种民间故事和神话传说。

第四，东昌葫芦雕刻用料考究，刻工纯熟，线条流畅，图案丰富，制作精良，具有独特的民族、地区特色与艺术风格。其艺术特征可以概括为以下几个方面：（1）其创作首先是为了满足人们生产、生活的实用功能，其次是满足人们的精神审美功能，当今以审美功能为重。（2）其艺术风格淳朴、典雅，洋溢着浓郁的乡土气息；饱满、匀称的造型与写实手法相结合，形式和内容有机地结合，传承着中国文化传统的审美观、理想情趣和精神追求。（3）其主题与古老的礼仪文化、生殖崇拜、图腾崇拜等原始文化密不可分，具有浓郁的地域风格和民族特色。（4）素材多取自于自然属性的事物，采用"以物寄情"的创作手法，表现出审美观念的趋同性与程式化，如用各种花卉图案表达吉祥寓意。（5）在形象分类刻画和材料制作技法方面，形成了一套完整严谨的师徒传承方式与工艺体系，体现出特定的地域性、民族性风格。

第五，东昌葫芦雕刻工艺是中国民间技艺的瑰宝，其价值主要有三点：（1）文化价值。东昌葫芦是中国葫芦文化的重要组成部分，其用途广泛，可作食用、祭祀、入药、日常器具、雕刻等，雕刻葫芦的文化艺术价值尤其明显；其内容在神话、民俗、工艺美术领域占有重要的位置；其寓意与仙道、长寿、子孙繁盛等文化事象密切相关，文化内涵非常丰富。（2）学术价值。东昌葫芦雕刻无论选材、加工都有其独到之处，其地域的适宜性，质地的独有性，题材的广泛性，技法的独特性，风格的多样性，在中国民间工艺品中实不多见，发掘、抢救、保护东昌葫芦雕刻对丰富和完善、发展中国民间传统工艺具有一定的推动作用。（3）历史价值。发掘、抢救葫芦雕刻工艺，可以从独特的视角，研究当时特定历史空间下东昌府区的工艺方式、民风民俗、社会生活、政治经济等内容。（4）社会价值。东昌葫芦雕刻与群众的文化娱乐联系密切，现在，当地人以雕刻葫芦蓄养蝈蝈之风仍未衰减。发掘、抢救、保护东昌葫芦雕刻，对丰富群众的文化生活，展现东昌府区的文化积淀，推动文化事业的全面发展，促进精神文明建设，提高人民群众素质，促进人的全面发展，构建和谐社会，都将产生重要的促进作用。[①]

---

① 参见苟春艳：《东昌葫芦雕刻艺术的传承与发展研究》，重庆大学硕士论文，2012年，第13页。

第五章

东昌葫芦文化节庆

第一节 葫芦文化艺术节概述

　　东昌葫芦种植有上千年的历史，富有特色的葫芦雕刻也有五六百年的传承。东昌府区是目前全国最大的葫芦种植、加工、销售基地。从2007年开始，聊城东昌府区区委、区政府在每年深秋举办葫芦专题文化艺术节，开展全国葫芦文化交流和展销活动，专注经贸惠民，为各地葫芦文化与经济发展，提供富有特色的平台，已经连续举办10届。聊城葫芦节庆已成为国内葫芦文化交流最广泛、经济交易最丰富的葫芦节，引领业界葫芦专题节庆之主流，成就斐然，有目共睹，有口皆碑。东昌府区"买天下葫芦，卖天下葫芦"名闻天下，成为葫芦文化界的美谈。

　　得益于多年举办的葫芦文化艺术节，东昌葫芦知名度日渐高涨，大大地推动了东昌府区葫芦产业发展，提升了江北水城——聊城的城市核心竞争力与文化软实力，对于发展经济，改善民生，具有重大的意义。它为国内外的葫芦爱好者、营销者提供大量的葫芦艺术品，是国内举办相关主题文化艺术节比较成功的典型，产生了广泛的社会影响，获得了丰厚的经济效益。下面我们按时间先后顺序，依次介绍、点评东昌历届葫芦文化艺术节的历程、内容、特色和相关学术活动，并展望未来的发展。

第二节　历届葫芦文化艺术节

一　第一届葫芦文化艺术节

2007年10月2日，第一届葫芦文化艺术节开幕式等活动在运河博物馆馆前广场和海源阁宾馆等地举行。国家文化部外联局原局长、中国东方文化研究会会长游琪，山东省文化厅副厅长李宗伟，山东省社科联副主席、党组书记刘德龙，聊城市委副书记金维民，聊城市人大常委会副主任李望尘，聊城市政协副主席王泽才等出席仪式并讲话。

第一届葫芦文化艺术节活动主题是：品评葫芦雕刻艺术，研讨葫芦产业发展。主要活动项目有：首届葫芦雕刻技艺工艺大赛，首届精品葫芦展示，葫芦展销洽谈会，葫芦文化艺术研讨会，首届葫芦雕刻技艺工艺、精品葫芦、特色葫芦评比颁奖，东昌社区艺术团文艺节目展演，首

第一届葫芦文化艺术节开幕式

届葫芦文化艺术节闭幕式等。此外，在首届葫芦文化艺术节举办前夕，首届中国（聊城）葫芦文化艺术推介会在雕刻葫芦之镇——堂邑镇召开，为葫芦文化与经济的交流提供了很好的平台。

在首届葫芦文化艺术节期间，由东昌府区人民政府主办，东昌葫芦文化协会协办的"首届中国江北水城（聊城）葫芦文化艺术节葫芦文化学术研讨会"在聊城海源阁宾馆举行。

市区领导和省内外近二十位专家学者及当地葫芦艺人出席、参加此次会议。会上，首先由东昌府区李小平区长介绍了东昌府区基本情况及东昌葫芦发展状况，然后游琪女士、刘德龙先生、李宗伟副厅长和市文化局等学者与领导分别就东昌区葫芦产业发展发表重要意见。此外来自天津、烟台等地的葫芦爱好者和本地的葫芦种植加工户在葫芦种植、加工、销售、收藏等方面进行了深入交流。之后，结合聊城市葫芦文化产业的实际情况，来自南开大学、山东大学、山东艺术学院等高校的与会专家教授深入探讨了葫芦文化产业发展中的问题及解决办法，并围绕葫芦与中国传统文化、葫芦与文化产业、葫芦与非物质文化遗产、葫芦工艺等主要议题展开讨论，畅所欲言，为东昌府区葫芦产业的发展提出很好的建议，提供了有益的帮助。

这次学术研讨，进一步推动了葫芦文化研究与中国葫芦产业的蓬勃发展，扩大了东昌葫芦文化的影响。

东昌政府通过举办首届葫芦文化艺术节，初步实现了以葫芦为媒、"文化旅游搭台，经济发展唱戏"的初衷，收到了良好的社会与经济效益，具有重要的意义。第一，有利于增进对外合作与交流。通过举办葫芦文化艺术节，能够吸引国内外葫芦爱好者、经营者、研究者更进一步了解东昌葫芦，扩大在葫芦种植、雕刻以及葫芦艺术文化等方面的合作与交流。第二，有利于提升东昌府区和江北水城的知名度，将东昌葫芦这一品牌做大做强，为东昌府区申请东昌葫芦雕刻技艺为"国家级非物质文化遗产"、东昌府为"国家级葫芦艺术之乡"创造有利条件。第三，首次提出了"买天下葫芦，卖天下葫芦，打造中国葫芦文化和世界葫芦文化之都"的发展目标，为东昌葫芦文化产业的发展指明了方向。第四，这次葫芦艺术节的举办，有利于增加葫芦产业收入和拉动城市经济增长，葫芦艺术的宣传是葫芦文化产业发展的前提，成为东昌区葫芦产业发展的一个重要转折点。第五，葫芦文化产业的壮大有力地推动了聊城的旅游经济，成为东昌区乃至全市旅游经济链条中的重要一环，产生了深远影响。

首届葫芦文化艺术节成功地借助文化节庆这一平台，促进了经济与文化的发展，为全区和聊城市文化旅游、产业调整和经济社会发展，做出了独特的贡献。在此基础上，区市领导积极倡导拓宽文化产业的发展思路，开展多层次、多方位的对外交流，依托葫芦产业优势，进一步完善政策，加大投入，加强引导，为以后葫芦文化艺术节和文化产业的发展指明了方向。

二 第二届葫芦文化艺术节

2008 年 9 月 30 日至 10 月 2 日，由聊城市东昌区区委、区政府主办的江北水城·运河古都（聊城）第二届葫芦文化艺术节开幕式在运河博物馆广场举行。国家文化部外联局原局长、中国东方文化研究会会长、中国葫芦文化研究发起人游琪，山东省文化厅副厅长李宗伟，山东省社科联副主席、山东省民俗学会会长刘德龙，聊城市副市长刘冠凤和来自全国的葫芦文化研究专家出席了开幕式。东昌府区委书记、区人大常委会主任李小平主持开幕式。

本届葫芦艺术节的主题是：荟萃天下葫芦精品，打造顶级文化品牌。主要内容包括：开幕式、葫芦工艺大赛、精品葫芦评比、葫芦展销会、葫芦文化学术研讨会、中华葫芦协会筹备会、葫芦文化专场演出、闭幕式等。

10 月 1 日下午，第二届葫芦文化艺术研讨会在海源阁宾馆第二会议室举行。

第二届葫芦文化艺术节开幕式

　　研讨会首先由副区长王怀华介绍东昌府区基本情况、东昌葫芦非物质文化遗产和文化产业状况。然后与会嘉宾和学者先后发言，为东昌葫芦献言献策。其中，游琪指出东昌府区的葫芦产业要用"两条腿"走路，一边要发展精品葫芦产品；一边也要发展民间大众化的葫芦产品，注重葫芦产品的实用性，希望借鉴美国葫芦协会的经验，发展实用型的葫芦器具，走实用型葫芦的路子。另外，还要注意发挥协会的力量，联合起来搭建葫芦产业平台，以此推动东昌府区的葫芦走向世界。其他专家就葫芦与传统文化、葫芦与文化产业、葫芦与非物质文化遗产等畅所欲言，既有理论的高度，又与实际紧密联系。第二届葫芦文化艺术节成功举办，使与会者特别是当地从事葫芦文化产业者大受鼓舞，纷纷表示回去后要深刻领会研讨会精神，尽快把东昌府区葫芦这一传统和优势文化产业做大做强。

　　继首届葫芦文化艺术节之后，第二届葫芦文化艺术节又成功举办，这是聊城市特别是东昌府区在文化产业持续发展方面的重要举措。今年，恰逢东昌府区葫芦雕刻技艺被列入国家级非物质文化遗产保护名录，东昌府区也被命名为"中国葫芦雕刻文化艺术之乡"，这标志着东昌葫芦文化发展进入一个新的阶段。

近年来，聊城市深入挖掘文化底蕴，积极整合文化产业资源，以具有千年历史的东昌葫芦艺术为龙头，推动全市文化产业的全面发展。东昌府区的葫芦文化产业在市场经营、人才培养、对外宣传交流特别是在非物质文化遗产的保护、开发、利用等方面走在全市前列。目前，东昌府区有堂邑镇、梁水镇、闫寺办事处、道口铺办事处、张炉集镇等五个生产基地，种植总面积达 5000 多亩，葫芦生产和加工企业 60 余家，年产葫芦 5000 万个以上，销售额近 3 亿元。葫芦与葫芦工艺品不但畅销全国，而且出口到英国、美国、加拿大等 10 多个国家。特别值得一提的是，东昌府区专门制定了东昌葫芦发展规划，引导成立了专门的葫芦文化协会，致力于东昌葫芦艺术的资料建档、挖掘和研究，搜集整理而成的专门资料《东昌葫芦艺术》，已结集出版。在这样的背景下，第二届葫芦文化艺术节的成功举办，对于弘扬优秀民俗文化，展示区域特色文化产业成果，搭建葫芦文化产业合作交流平台，打造水城文化产业知名品牌，推动全市文化产业的繁荣发展，都起到了积极的促进作用。

三　第三届葫芦文化艺术节

2009 年 8 月 1 日，中国江北水城·运河古都（聊城）第三届国际葫芦文化艺术节在东昌府区堂邑镇开幕。文化部外联局原局长、东方文化研究会会长、中国葫芦文化发起人游琪，山东省旅游局副局长于风贵及专家学者、国际友人（全日本爱瓢会成员）出席开幕式，聊城市副市长刘冠凤出席仪式并宣布葫芦文化艺术节开幕。本届葫芦文化艺术节主要活动有：开幕式、葫芦展销会、中国葫芦第一村参观、中外葫芦大观园开园、文艺演出、葫芦文化艺术研讨会、闭幕式等。

节庆期间，数千名群众、客商汇聚堂邑镇，在宽敞的葫芦展出广场上仔细欣赏精巧别致、构思新颖的各种葫芦作品。随后，人们还兴致勃勃地参观了被称为"中国葫芦第一村"路庄村的葫芦种植基地。8 月 2 日，占地面积上百亩的"中外葫芦大观园"开园，吸引了上千名游人和嘉宾

第三届葫芦文化艺术节葫芦工艺展品：笑口常开，福禄有余

第三届葫芦文化艺术节葫芦工艺展品：葫芦制酒器

徜徉其中，30多种国内外葫芦品种让人大开眼界。

在第三届葫芦文化艺术节期间（8月1日下午），"国际葫芦文化艺术研讨会"在聊城昌润大酒店举行。东昌府区副区长王怀华介绍了聊城市葫芦文化发展的历史及现状等，与会专家、学者就如何拓宽葫芦文化市场、提升葫芦文化产业，畅所欲言，献计献策。

聊城市东昌府区成功举办第三届葫芦文化节，突出节庆的国际性、现代性、文化性、产业性。东昌葫芦节将当代流行元素糅合到葫芦文化艺术作品中。举办方对外展现"中国葫芦第一村"路庄村、中外葫芦大观园等，大大地推动了葫芦文化艺术节的发展。本届葫芦文化节庆承前启后，继往开来，意义巨大，影响深远。

四 第四届葫芦文化艺术节

2010年9月10日上午，中国江北水城·运河古都（聊城）第四届葫芦文化艺术节在聊城市中国运河文化博物馆开幕。文化部外联局原局长、东方文化研究会会长、联合国民间艺术国际组织中国特别顾问游琪，聊城市人民政府副市长刘冠凤等相关领导与省内外专家学者出席开幕式。

此次文化艺术节为期三天，以"文化旅游搭台，经济发展唱戏"为主旨，弘扬"福禄东昌府，好客水城人"主题。主要活动有：开幕式、精品葫芦展销（分雕刻葫芦和本色葫芦两大展销区）、葫芦技艺大赛（分为传统技艺赛和创意技艺赛）、游览姜堤葫芦大观园、签约仪式、葫芦文化研讨会、以葫芦为主题的书画艺术邀请展、葫芦交易会、非遗专题文艺演出、社团文艺演出等。

在第四届葫芦文化艺术节期间（9月10日下午），"国际葫芦文化艺术研讨会"在海源阁第二会议室举行，东昌府区副区长王怀华主持。参会者有来自国内学术研究机构、高校专家学者，还有东昌府区部分乡镇和有关部门的负责同志以及葫芦业界的代表。与会专家、学者围绕葫芦文化产业展开讨论，为东昌葫芦的发展建言献策。

第四届葫芦文化艺术节，以葫芦为媒，倡导"文化旅游搭台，经济发展唱戏"，对于提升东昌葫芦形象，打造葫芦产业发展平台，推动东昌府区文化产业的繁荣发展具有重要的意义，反响亦大，不光国内媒体刊载了此次葫芦艺术节，国外某些专题性刊物如美国葫芦协会官方杂志

第四届葫芦文化艺术节开幕

也作了专题报道，葫芦节庆在中外文化交流中的作用也逐渐显现。

五　第五届葫芦文化艺术节

2011 年 9 月 14 日至 9 月 16 日，第五届葫芦文化艺术节在山东省聊城市中国运河文化博物馆举行。本届葫芦文化艺术节的主题为：畅游葫芦之乡，品位葫芦文化。本届活动以葫芦为中心，举办开幕式、精品葫芦展销、葫芦技艺大赛、"镜头中的葫芦"摄影展、葫芦文化艺术书画展、葫芦基地参观、葫芦交易会、动漫演出、非遗专题文艺演出、社团文艺演出、签约仪式、闭幕式等内容，空前之盛。

在葫芦文化艺术节上，雕刻、烙烫、彩绘、勒扎等各种工艺葫芦琳琅满目，吸引了来自河北邢台、甘肃兰州、辽宁本溪及聊城本地等 100 多家、数百名葫芦作品爱好者、收藏者、雕刻绘画者，数百家葫芦商和十余万观众游客齐聚东昌，参加葫芦文化艺术节。14 日下午，国内外众多知名专家、学者，就东昌葫芦文化产业的繁荣与发展，特别是种植指导、工艺技艺、产品研发、销售指导等方面展开专题讨论。

在第五届葫芦文化艺术节上，亮点与创意颇多。如首次举办"镜头中的葫芦"摄影展。再如在运河博物馆四楼展厅举办的葫芦文化艺术书画展，其中葫芦写意画专家扈鲁先生的葫芦艺术书画展格外引人注目。画展突出写意葫芦主题，将葫芦绘画、葫芦民俗、葫芦文化融为一体，展现了一个清新雅致、别开生面、不同凡响的葫芦世界。这是该艺术节创办以来首次葫芦专题画展，受到了社会各界的广泛关注和积极评价，我国著名书画家陈玉圃先生专门为画展作了题贺，齐鲁晚报、聊城日报、山东新闻网等各大媒体对画展进行了专题报道，成为本届艺术节的一大亮点。

2011 年第五届中国葫芦文化艺术节成功举办，进一步提升了东昌葫芦品牌的影响力，展示了东昌府区在建设经济文化强区中的丰硕成果，有利于东昌区葫芦文化产业的发展。葫芦文化艺术节对于弘扬优秀传统

第五届葫芦文化艺术节展品　　　　　　　　第五届葫芦文化艺术节展品

文化和地域特色优质产品，提升东昌葫芦形象，打造葫芦产业平台，发展民生与经济，推动聊城文化产业的繁荣，都具有重要的意义。

六　第六届葫芦文化艺术节

2012 年 9 月 28 日至 30 日，江北水城·运河古都（聊城）第六届葫芦文化艺术节在人民广场举行。本次葫芦文化艺术节的主题是"畅游葫芦之乡，品味葫芦文化"，主要活动项目有：精品葫芦展销、葫芦技艺大赛、葫芦文化论坛、"非遗"项目展、"镜头中的葫芦"摄影展、葫芦业户经验交流会、精品技艺大赛以及社团文艺演出等。

本届葫芦文化艺术节堂邑参展商户有 210 户，展位数有 435 个，来自山东日照、青岛、济宁和河北、天津、黑龙江、辽宁、山西、陕西等省内外葫芦客商、制作商户参展，展出精品葫芦 800 余件，有蝈蝈葫芦、大亚腰葫芦、小亚腰葫芦、瓢葫芦、如意葫芦、长柄油锤葫芦、长柄盘结葫芦、观赏葫芦、小白皮葫芦、手捻葫芦、疙瘩葫芦、鸡蛋葫芦、菊瓣葫芦、范制葫芦等一百多个品种，工艺上有雕刻、烙画、片花、彩绘、漆绘，内容上有花鸟、虫鱼、走兽、人物、山水等等，不一而足。会展

第六届葫芦文化艺术节开幕

吸引了约 12 万游客前来观赏，专业观众达到 2 万人次之多。

　　第六届葫芦文化艺术节在形式上推陈出新，亮点很多，如葫芦文化艺术研讨会更接地气，邀请省内外美术大师、策划营销师、葫芦艺术家等，重点讨论如何更好地将东昌葫芦推向市场。又如，本届葫芦文化艺术节期间专门开辟"非物质文化"项目展区，展示全市的 40 多项非物质文化艺术品，包括东昌府的牛筋腰带、木版年画，茌平的黑陶、阳谷的泥哨，东阿的阿胶等。本届葫芦文化艺术节具有鲜明的特色，大致有以下六点。第一，本届葫芦文化艺术节首次被纳入全市节庆活动"水文化"节中，成为全市节庆活动的有机组成部分。第二，专家论道接地气，给东昌葫芦如何发展把脉。第三，民间参与办会力量不断增强，葫芦文化艺术节日益根深叶茂。第四，开辟"非遗"项目展区，深化艺术节的内涵，给艺术节增添新的看点。第五，开幕式演出别具一格，所有节目均与葫芦有关，说葫芦、唱葫芦、葫芦丝演奏，上演了一场葫芦文化大餐。第六，深入开展"镜头中的葫芦"摄影展，并成立"东昌府区艺术摄影学会"，留住艺术节的精彩瞬间。

　　通过第六届葫芦文化艺术节，政府与业界人士使观众了解到东昌葫芦产业的发展概况，同时也很好地宣传了东昌葫芦。此外，第六届葫芦文化艺术节在前几届节庆活动的基础上，不断探索，推陈出新，打造葫芦产业发展平台，为提升东昌葫芦形象、推动文化产业的繁荣发展奠定了坚实的基础，取得了显著的成就和良好的经济社会效益。

七　第七届葫芦文化艺术节

2013年10月11日，聊城第七届葫芦文化艺术节在聊城市人民广场开幕，当地政府部门的领导、来自全国各地的葫芦工艺美术大师与近300位葫芦制作艺匠、经销商家出席了开幕式。本届葫芦文化艺术节的主题仍然是"畅游葫芦之乡，品味葫芦文化"，主要活动有：开幕式、精品葫芦展大赛（分本地精品葫芦展和外地精品葫芦展两大板块）、葫芦展示会、"镜头中的葫芦"摄影展、聊城市"非遗"项目展、葫芦技艺大赛、精品与技艺大赛颁奖、社团文艺演出、闭幕式等。

本届葫芦节堂邑参展商户有404户，展位数有617个，来自德州、济南及河北、天津、北京、山西、陕西、广东、甘肃、河南、黑龙江等地的葫芦种植、经营户摊位有近300个，吸引了约15万人次前来参观。

在第七届葫芦文化艺术节期间（2013年10月11日），中国江北水城·运河古都（聊城）第七届葫芦文化艺术节葫芦文化学术研讨会召开，国家文化部外联局原局长、中国东方文化研究会名誉会长游琪及来自国内葫芦文化产业发展的专家围绕葫芦文化产业的发展，畅所欲言，为提升东昌葫芦形象，打造葫芦产业发展平台提出了很好的建议，为东昌府区的葫芦产业发展提供有益的帮助，带来新的发展机遇。

与往届相比，第七届葫芦文化艺术节规模更大，参与商户数更多，展出的葫芦作品更加多样。葫芦文化艺术节的举办模式趋于成熟，基本定型，并形成一些共识：政府发挥积极引导的作用，为种植户、经销商以及葫芦爱好者打造交流、贸易的平台；未来葫芦文化艺术节最好在每年10月份前后、葫芦下架上市季节举行；倡议东昌葫芦文化节办成中国规模最大、水平最高、走向世界的葫芦文化艺术节。诚如来自北京的

第七届葫芦文化艺术节

第七届葫芦文化艺术节上老手艺人现场打磨葫芦

葫芦工艺大师"葫芦张"张太岭先生所言，一件葫芦作品如果没有文化底蕴，就只能称作工艺品。现在聊城的葫芦大部分还处于单纯的卖"白葫芦"的阶段，即农产品销售，而要想实现更高的经济效益、产生更大的文化影响力，就必须要提升葫芦产品的文化附加值。聊城市作为北方著名的"运河古都"，有着 2500 多年的历史和深厚的文化底蕴，如何将文化融入到葫芦产品中，生产和创造出具有聊城特色的葫芦艺术品，是今后相关从业者需要深入思考和解决的问题。而培养更多的技术精湛的葫芦工艺师和传承人尤为必要，也是未来葫芦雕刻技艺发展的关键。只有如此，才可能把东昌葫芦打造成全国乃至全世界知名的品牌。

八　第八届葫芦文化艺术节

2014 年 10 月 17 日至 10 月 19 日，中国江北水城·运河古都（聊城）第八届葫芦文化艺术节在聊城市人民广场举行。本届葫芦文化艺术节主题为"畅游葫芦之乡，品味葫芦文化"，举办活动有：开幕式、精品葫芦展、葫芦交易会、葫芦技艺大赛、葫芦文化与产业发展论坛、精品与技艺大赛颁奖、闭幕式等。来自省、市葫芦种植、工艺、产业相关专家，国内外葫芦爱好者、业户及商家等前来参加。

第八届葫芦文化艺术节在举办规模、参展人数和影响力上，都比往

第八届葫芦文化艺术节开幕　　　　　第八届葫芦文化艺术节展会一角

年有大幅度的提升，受到了全国各地商家和专家学者的高度关注，整体规模创历届之最。云南澜沧县、河北唐山葫芦协会第一次组团前来参加葫芦节，扩大了各地市葫芦文化的交流。葫芦文化节的持续召开和不断扩展，产生了明显的经济与文化效益。它增进了对外合作与文化交流，提升东昌府区和聊城江北水城的知名度，增加了葫芦产业收入，拉动了城市经济增长，对东昌府区经济发展起到很大促进作用。葫芦文化节有望在未来成为中国规模最大、水平最高的葫芦文化艺术节，届时东昌府区将成为全国乃至世界葫芦文化的重镇，为当地经济发展与中外文化交流作出更大的贡献。

九　第九届葫芦文化艺术节

2015年11月13日，中国江北水城·运河古都（聊城）第九届葫芦文化艺术节在中华水上古城楼北大街开幕。本届葫芦文化艺术节由东昌府区人民政府主办、山东金正动画股份有限公司和中华水上古城承办，旨在打造中国规模最大、水平最高的葫芦文化艺术节。活动主题为："交流 创新 竞合 发展。"宣传口号："古城古韵东昌府，一生一世福禄缘。"全国各地400余户商家展出多种造型的葫芦和技艺精湛的葫芦工艺品。前来参加活动和参观游览者达30多万人次，创历史最高。

本届葫芦节内容丰富，既有展览展示、专题研讨会，又有大量精彩纷呈的互动活动，包括：开幕式、"福禄绵长东昌府"文艺演出、葫芦艺术推介会（PPT 或者 VCR）、葫芦摄影作品展、中国首届葫芦七千年文化展、全国葫芦书画作品邀请展、"走向国际市场的中国葫芦需要具备的竞争力"产业论坛、中华水上古城葫芦展销会、"东昌古城寻福禄，一生一世保平安"活动、"我为父母添福禄"现场绘制葫芦活动、"一元起拍我快乐"活动、"晒赛我的葫芦宝"全国葫芦精品大赛及颁奖、"我与葫芦结福缘"现场摄影大赛及颁奖、"画出心中福禄花"——青少年现场涂鸦大赛及颁奖、"我是最棒葫芦娃"动漫彩妆大赛现场评比及颁奖等。

第九届葫芦艺术节本着继往开来，推陈出新的原则，在以往展销葫芦的环节基础上，探索举办模式，增加活动内容，拓展互动环节等。本届葫芦节首次采取政府主办、企业承办的形式，推动葫芦文化节转型升级。因此本届葫芦文化艺术节首次融入浓浓的动漫色彩，企业承办是政府推动葫芦节转型升级的重大变化。新增若干活动内容，如全国葫芦书画作品展、"走向国际市场的中国葫芦需要具备的竞争力"专题研讨会、"我是最棒葫芦娃"动漫彩妆大赛等活动，大大丰富了艺术节的方式和类别。增添互动体验的环节，鼓励市民积极参与，多方面认识和了解葫芦。由于这些创新举措，本届葫芦文化艺术节的参与规模空前壮大，成效显著，来自 17 个省市 600 多葫芦种植、加工制作及销售的人员参与，参观人数 30 余万人次，均达到历史新高。中央电视台《文化中国》栏目组专门对此做了报道。

在第九届葫芦文化艺术节期间，2015 年 11 月 13 日下午，以"走向国际市场的中国葫芦需要具备的竞争力"为主题的葫芦文化研讨会在聊城兴华大酒店 19 楼会议室举办。

东昌府区副区长王怀华，曲阜师范大学副校长扈庆学，天津工艺美术大师、天津葫芦工艺协会副秘书长张福来，天津葫芦工艺协会副会长陈云和，山东省工艺美术大师张冰，山西省民间工艺美术大师陈胜，东

第九届葫芦文化艺术节葫芦灯具　　　第九届葫芦文化艺术节葫芦精品

昌葫芦文化协会会长李广印，山东金正动画股份有限公司董事长兼总经理任家斌等领导和学者及葫芦种植、工艺等相关产业的专家参加会议，研讨会由任家斌董事长主持。

与会专家、学者从种植、工艺到渠道、营销等方面分析中国葫芦产品与葫芦文化走出去的可能与条件，对于如何提升走向国际市场的中国葫芦竞争力，提出独到见解。如葫芦写意画专家扈庆学教授认为这个研讨会的标题本身就是一次重大的改变，是政府推动葫芦节转型升级的重大突破，并对中国葫芦如何走进国际市场，提出三点建议：首先要注重质量意识，时刻牢记质量第一；其次要树立牢固的诚信意识；第三，要与文化融合，将中国的传统文化通过文化符号呈现出来。天津葫芦工艺协会副秘书长张福来认为，本届葫芦文化艺术节达到历届人数最多，样式精彩纷呈，但要促进地区葫芦文化艺术的发展就不能自封脚步，要努力走出去、请进来，不断丰富自身的种植、技艺等方面，才能促进中国葫芦最终走向国际市场。山东省工艺美术家张冰，山西省民间工艺美术家陈胜等从葫芦的种子、种植、雕刻技艺、加工营销等方面分析，指出中国葫芦要快速发展，就必须产业链化，要有原创性，要具备民族特性，从继承传统到不断创新，从而真正实现中国葫芦走向国际市场。王怀华副区长从葫芦的生产、雕刻艺术、市场运作等方面总结了四点，重点突出龙头企业的带头作用。最后，山东金正动画股份有限公司任家斌总经理发言，指出中国葫芦要走向国际化市场，必须要树立起品牌意识，注重中华民族传统文化与葫芦的结合，不断创新，从葫芦种植、雕刻技艺及销售等方面共同进步，增强葫芦的市场竞争力，推动中国葫芦走向国际。

第九届葫芦文化艺术节规模空前、内容丰富，成为目前国内规模最大、水平较高的葫芦节庆，并为未来将东昌府区打造成世界葫芦文化交流的高端平台，奠定了坚实的基础。在近十年的葫芦文化艺术节开展过程中，东昌政府与葫芦文化界人士继承优良传统，开拓创新，努力进取，特别重视从文化层面夯实和拓展葫芦产业发展的基础和内涵，并密切关注国内葫芦文化交流和发展的需要，设计主题，召开相当规模、内容丰富的葫芦文化学术研究会，推进葫芦文化的学术研究，为东昌葫芦文化的发展夯实学理基础。本届葫芦文化艺术节在这方面作了有益的尝试，开大力创新风气之先，为今后东昌葫芦文化专题节庆全面深入的发展积累了宝贵的经验，贡献至巨，影响深远。

十　第十届葫芦文化艺术节

2016 年 11 月 18 日上午，中国江北水城（聊城）第十届葫芦文化艺术节在聊城水上古城楼南大街开幕，开幕式由聊城东昌府区文广新局史兆国局长主持。本届葫芦文化艺术节为期三天，由东昌府区委、区政府主办，聊城市水上古城置业有限公司和聊城金马广告有限公司承办。山东工艺美院人文学院院长徐东辉、山东曲阜师范大学副校长扈鲁、辽宁省葫芦岛市宣传部副部长李荣光、新西兰博亚传媒集团董事长崔立寰等领导与国内外专家学者及天津、辽宁、唐山等地的葫芦协会会长和代表等三十余位来宾，参加了本届葫芦节。

本届葫芦文化艺术节突出主体多元化、交流广泛化、形式多样化三大特点，是一次国家级、综合性的葫芦文化交流展示盛会。葫芦文化艺术节共分为外地、堂邑、梁水镇、闫寺等四个展区，以葫芦交易会、精品葫芦大赛、葫芦主题文艺演出等形式推广葫芦产业项目，传承传播葫芦文化。除了精品葫芦展示、葫芦交易等内容，在本届葫芦文化节庆中还举办了专题文艺演出、葫芦画展、葫芦技艺大赛、精品葫芦评比等活动项目，来自辽宁、河北、北京等全国13个省市地区的参展商户有近千家，三天现场交易额及签订合同额达5000多万元。

节庆期间，举办方组织全国精品葫芦大赛，评出一等奖1个，二等奖2个，三等奖4个，优秀奖11个。另外，在11月19日，还举办了国画名家扈鲁先生向东昌府区博物馆捐赠葫芦作品仪式、开设扈鲁画社、举办画社揭牌和画展开展等活动。中央电视台军事农业频道、省市区电视台、大众日报社等20多家媒体、报刊对本次葫芦文化艺术节进行了报道。

本届葫芦节是第二次在古城区内成功举办，有以下几个特点。其一是规模与影响力空前盛大。本届葫芦节参展商最多，影响力最大，规模居历届葫芦节之最。第二是举办方式创新。本届葫芦节首次采用竞争性谈判的招标方式，在五家竞标公司中选出聊城金马广告有限公司负责主会场布展，是采用PPP模式由政府购买公共文化服务产品的一次成功尝试。第三是作用多元化。本届葫芦节不但有效地促进了东昌府区葫芦文化产业的发展，也实现了文化和旅游的有机结合，提升了葫芦文化产业的品位，宣传和推荐了古城旅游和东昌府旅游，进一步扩大了东昌府区作为中国葫芦雕刻文化艺术之乡的影响。

第十届葫芦文化艺术节集中展示了东昌府区以及全国各地葫芦文化产业的新发展、新成就，为广大葫芦爱好者和从业者的沟通交流提供新渠道，为相关企业展示形象、开展合作搭建新平台，为社会大众了解、参与葫芦文化产业开设新窗口，为推动葫芦产业发展，加快转变经济发展方式发挥新作用，新意迭出。聊城东昌葫芦文化节已成为全国颇具影响力的知名葫芦文化节庆品牌。

第十届葫芦节展品（侯贺良摄）　　　　　　　　第十届葫芦节展品（侯贺良摄）

第三节 中国葫芦文化艺术节展望

从 2007 年至 2016 年，聊城市东昌府区在每年深秋举办葫芦专题文化艺术节，至今已有十届，集中展示东昌雕刻葫芦，专注经贸惠民，为全国葫芦文化交流搭建平台，是东昌府区典型的经济文化节庆活动。2008 年东昌葫芦雕刻技艺被列入国家级非物质文化遗产保护名录，东昌府区被命名为国家级葫芦雕刻文化艺术之乡。在此前后，东昌葫芦文化艺术节开展十年之久，对于葫芦雕刻文化艺术之乡东昌和葫芦雕刻入选国家非遗作了很好的宣传，二者相得益彰，共同推动了东昌葫芦文化的新发展。

在东昌府区委、区政府和葫芦商家、专家等各方力量的共同努力下，葫芦文化艺术节的影响不断扩大、加强，产生了巨大的经济与文化效益，在地区文化产业发展和全国乃至全世界的葫芦文化交流中，发挥了独特的作用。首先，东昌葫芦迎来了空前的发展高峰。2008 年被列入国家级非物质文化遗产保护名录，东昌府区被命名为中国葫芦雕刻文化艺术之乡。如今，东昌府区葫芦种植面积达 6000 余亩，每年生产、加工、销售葫芦 8000 多万个，年创产值近 6 亿元，约占全国总量的 80%，东昌府区成为全国最大的葫芦种植、加工、销售基地，对于当地经济与文化的地方发展具有重大的意义。其次，国内外广大地区的葫芦爱好者、营销者通过节庆走到一起，互相交流大量的葫芦产品与艺术品，产生广泛的社会影响和丰厚的经济效益，在国内和中外葫芦文化交流中发挥了重要的作用。

作为区域经济文化类节庆活动，聊城葫芦文化艺术节积累了多年的举办经验，取得了辉煌的成就，但在繁荣的背后，也有诸多的不足。诚如王怀化副区长在 2015 年第九届葫芦文化艺术节期间召开的"走向国际市场的中国葫芦需要具备的竞争力"葫芦文化研讨会上所言，葫芦文化艺术节总体上细节不到位、发挥龙头企业的带头作用不够，有待强化。在葫芦节庆的文化创意、大众参与、可持续发展、文化深度交流、市场运作等方面也还有很大的提升空间。

展望未来，在政府部门、葫芦商家和专家学者的共同策划与努力下，在广大葫芦文化人的辛苦耕耘下，中国聊城葫芦文化艺术节一定会举办得越来越好，东昌葫芦文化产业的发展也将迎来更加美好的明天。

第六章

东昌葫芦文化发展

第一节　东昌葫芦文化产业发展与品牌打造

东昌葫芦传承千年，发展至今，在文化产业发展与品牌打造、新工艺开发、创意产品开发与应用等方面，取得很多前所未有的成就，面临很多空前绝佳的机遇，同时需要解决种种新的困难。东昌葫芦文化界需要正视其优劣势，与时俱进，调整战略与方针，抓住机遇，迎难而上，推动东昌葫芦文化与经济产业更快更好地向前发展。

文化产业是一种特殊的精神文化产品，由于市场经济的发展，文化市场的经济效益日渐明显，文化进入市场是大势所趋。如同对文化的定义向来众说纷纭，"文化产业"的概念在学界也是见仁见智，说法不一。在2003年9月发布的《文化部关于支持和促进文化产业发展的若干意见》中作了这样的定义，文化产业是指从事文化产品生产和提供文化服务的经营性行业。文化产业已形成演出业、饮食业、音像业、文化娱乐业、文化旅游业、文化网络业、图书报刊业、文物和艺术品业以及艺术培训业等行业门类。[1]一般而论，文化产业包括如下几大类别：图书出版、报刊、广播影视、音像产业、网络产业、广告业、旅游业、艺术产业、体育产业等。[2]在近年来，东昌府区依托本地葫芦种植和工

---

[1] 文化部：《文化部关于支持和促进文化产业发展的若干意见》，文产发〔2003〕38号，http://www.ccm.gov.cn/swordcms/publish/default/static/gfxwj/-56703474.htm

[2] 李思屈、李涛：《文化产业概论》，浙江大学出版社2007年版，第186—212页。

艺等优良传统和深厚底蕴，通过充分挖掘葫芦文化资源，与经济有机结合，将葫芦生产、加工、销售连成一体，渗透到旅游产业中的吃、住、行、游、购、娱各个要素与环节中，不断丰富葫芦文化内容，开发与创新葫芦艺术表现风格，开拓出一条特色化的葫芦文化产业之路。

一　东昌葫芦产业发展概况

东昌葫芦产业有着悠久历史，早在明清时期，雕刻葫芦就随着大运河远销各地。如今，东昌葫芦雕刻工艺被列入中国非物质文化遗产、省级非物质文化遗产保护项目，东昌府区也被誉为"中国葫芦雕刻艺术之乡"、山东省文化产业示范基地，取得了举世瞩目的成就。东昌葫芦文化产业有其独特的优势，也有不可忽略的短板，在产业开发方面存有某些不足，如缺乏龙头企业、知名品牌，深加工产业薄弱等，葫芦价值有待进一步挖掘。因此，如何通过调查研究、准确定位，找出并弥补不足，促进东昌葫芦文化产业，成为摆在有志于发展东昌葫芦文化产业者面前的重要课题。

东昌葫芦文化产业有着十分有利的条件。葫芦文化产业是东昌府区文化产业中一支最有希望的生力军，具有得天独厚的优势，表现在以下几方面：首先，东昌府区有着悠久的葫芦种植加工传统。从宋代起，人们就在葫芦上进行简单的雕刻，使其逐渐成为具有地方特点与艺术内涵的民间工艺，明、清至民国时期，在艺术技法上渐渐成熟，并凭借运河漕运繁盛之利，销往全国各地。新中国成立以来，经历了发展、衰落、复苏和再发展的过程，种植葫芦的传统和技艺植根于东昌府区广大农村，生生不息。其次，东昌工艺葫芦具有相当强的市场竞争力。现在东昌府区有规模化的葫芦种植、生产和销售基地，包括堂邑镇、梁水镇、闫寺街道办事处及周边相关乡镇村庄，种植总面积6000多亩，年销售量在3000余万个，销售额近6亿元。再次，东昌工艺葫芦市场前景广阔，不但远销全国，而且出口到日本、英国、美国、加拿大等

10 多个国家。第四，东昌工艺葫芦的加工人才基本没有断层，目前东昌葫芦艺人掌握的技艺囊括了国内各式各样的葫芦加工技艺。最后，聊城地处鲁西北冀鲁豫三省交界，京九铁路、济邯铁路、济聊馆高速公路以及德商高速公路和正在规划的聊城机场形成便捷的交通，为东昌葫芦提供了新的发展机遇。

东昌葫芦雕刻有着巨大的文化经济促进作用。东昌葫芦雕刻独具特色，是中国民间技艺的瑰宝，蕴含多方面的价值，对产业开发向纵深发展起到很大的促进作用。主要有以下三个方面：一是文化价值。东昌葫芦是中国葫芦文化的重要组成部分，其用途广泛，可作食用、祭祀、入药、日常器具、雕刻等；其内容在神话、民俗、工艺美术领域占有重要的位置；其寓意与仙道、宝贵、长寿、子孙繁盛等密切相关，文化内涵极其丰富。二是学术价值。东昌葫芦雕刻无论选材、加工都有独到之处，发掘、抢救、保护东昌葫芦雕刻对于完善和丰富、发展中国民间传统工艺具有一定的推动作用。三是历史价值。东昌葫芦雕刻是研究特定历史空间下东昌府区工艺方式、民风民俗、社会生活、政治经济等方面内容的有效渠道。四是社会价值。东昌葫芦雕刻与群众的文化娱乐联系密切。保护东昌葫芦雕刻，对丰富群众的文化生活，推动文化事业的全面发展，促进精神文明建设，都有重要的促进作用。

东昌葫芦文化的内涵与外延开发都与产业的发展紧密相关。注重内涵开发，是东昌葫芦文化产业的生命力所在。要摆脱单纯的商品意识，注重将文化寓意融入商品中；开拓葫芦的多重文化内涵，尝试创新葫芦文化内涵；打造葫芦文化产业链，开发系列产品，比如《宝葫芦的秘密》这样的商业电影、印刷葫芦艺术鉴赏书籍、开展葫芦雕刻培训班等。而在外延开发方面，做好市场营销的文章，注重广告效应，打造品牌，注册商业品牌经营权，成立一定的市场规模和公司体制，让市场、商铺成为一种实实在在的宣传模本，使葫芦产业向规模化、体制化发展。内涵与外延开发都需要高水平的专业人才，因此加强和高校联合举办培训班，是推动葫芦产业持久发展的重要一环。另外，种植品种也有待进一步开发，继续开发新品种，使葫芦样式多元化、造型各异。加工工艺应突出多样化、结合实用功能、食用功能、收藏功能等全面开发。[1]

东昌雕刻葫芦加工基地（于风刚摄）

在产业化方面，东昌府区的葫芦种植总面积6000多亩，年产葫芦数量在6000万个以上，占全国总量的比重相当可观。聊城种植基地主要集中在堂邑、梁水镇、闫寺和相邻乡镇、村庄以及新疆等地。东昌府区的葫芦加工企业有60余家，代表性的有堂邑聊城第一村工艺葫芦制品厂、东昌府区福禄缘有限公司、东昌府区葫芦厂等，加工量占全国总额的60%以上，年销售额近3亿元。东昌葫芦的品种多样，其中姜堤乐园里的百亩葫芦园里就有30多个品种，是国内单种面积最大、品种最全的葫芦种植基地。在产销方面，堂邑镇作为聊城市东昌府区葫芦主要生产基地，葫芦种植户达600多户，种植面积3000多亩，拥有异形葫芦、雕刻葫芦和烙花葫芦三大类、近千个品种的葫芦加工产品。该镇生产的工艺葫芦远销欧美、东南亚等地，年产值超过3亿元，成为当地带动经济发展的主导产业。如著名的葫芦雕刻家、企业家于风刚创办的福禄缘葫芦工艺制品有限公司，实行公司+农户的经营模式，带动堂邑镇、梁水镇、张炉集镇、道口铺办事处等30余个村的420家农户搞起了葫芦种植及加工，葫芦销售以国内市场为主，销往各地。仅种植葫芦一项，每年可为农户增收500余万元。

在战略发展方面，东昌府区一直提倡"走出去"，以此推动东昌葫

① 参考刘庆功：《东昌葫芦，如何走产业化之路？》，《聊城日报》2010-07-07. http://www.lcxw.cn/news/liaocheng/cjwt/20100707/43028.html

芦产业的壮大，成效显著。最近三十多年来，东昌葫芦不但销往全国各地，而且出口到国外数十个国家与地区，供销两旺。东昌政府通过组织葫芦艺匠与团体，参加省内外的葫芦文化交流活动，扩大东昌葫芦影响。如在 2006 年、2007 年，东昌府区政府先后派出两个代表团，参加了第二届深圳国际文化产业博览交易会、山东首届文化产业博览会以及在辽宁葫芦岛举办的国际葫芦文化艺术节，类似活动在最近几年尤其频繁。近来，东昌区政府与辽宁葫芦岛葫芦协会、美国、日本葫芦协会等建立联系，加强葫芦产业的交流与合作，积极拓展国内外新的市场，成就显著。此外，东昌府区政府还与山东省民俗学会以及一些高校进行交流与合作，派出葫芦雕刻传承人和青年艺人，赴高校与专业机构进修，提高技艺水平，提升东昌府区葫芦的艺术品位，为东昌府区葫芦产业的发展壮大提供坚实的后备力量与技术支持。

在信息化时代，网络是传递信息不可缺少的便捷工具。东昌府区充分利用信息网络，将葫芦产业与高科技接轨，通过互联网将产品信息发布到全球各地，极大地拓宽了葫芦产业的发展平台。东昌府区支持当地种植、加工与销售方面的农户、艺匠与商家，通过网络来销售葫芦产品，最有代表性的就是"葫芦淘宝村"、"中国最大的葫芦产品集散地"——堂邑镇路庄村，全村 730 多户多从事葫芦网络销售生意，有 10 家葫芦加工企业，年加工销售葫芦近 2500 万个，所开网店达 240 多家，产品销往国内外，年销售额约两亿元，是名副其实的中国葫芦第一村。

谈到中国葫芦第一村——堂邑镇路庄村，它的成长与聊城东昌葫芦产业发展的整体环境密切相关。近年来，聊城的葫芦产业蒸蒸日上。从零散种植、加工到产销一条龙的产业链条基本形成，从开始只卖几十元一个的素葫芦，到一个工艺葫芦卖到十几万元，作为"国家级非物质文化遗产"的东昌葫芦在全国已声名鹊起。在聊城的葫芦产业大军中，无论产业规模，还是制作工艺，堂邑镇是突出代表，走在聊城葫芦文化产业发展的前列。

堂邑镇一直有着种植和加工葫芦的传统，但过去因为信息闭塞，农民不能够及时了解市场需求，工艺葫芦总是找不到合适的销售渠道，严重影响了葫芦产业的壮大。现在"互联网＋电子商务"则很好地解决了信息不对称的问题。特别是近年来，当地政府开展美丽乡村建设，并积极实施电子商务入村工作，普及农民对电子商务的认知，突破了农村信息和物流瓶颈，促进农村商品流通。此后村容村貌大变，不仅路修好了，为广大农民创造便利生活，提供创业机会，吸引农村青年返乡创业，还建立了电商平台，提升了农村电子商务应用水平，便于对外拓展葫芦出售渠道。通过网络的宣传，前来参观的游客与洽谈的商家越来越多，效益也越来越好。

在壮大和发展堂邑镇的葫芦经济产业的过程中，当地政府采取一系列有力措施，发挥了重要的引导与支持作用。这些措施有两方面：一方面，堂邑镇突出历史文化名镇和生态旅游强镇，依托古文庙和葫芦博物馆相结合，打造以中国葫芦第一村——路庄村为中心的千亩葫芦种植基地。在路庄，家家种植葫芦、户户搞葫芦加工，由一个贫困村发展为经济强村，建成了380余家葫芦加工作坊，从业群众达1000多人。在堂邑镇党委政府的带动下，加上种植户良好的收益和市场，更多农民愿意发展葫芦种植，邻近村也纷纷加入，使堂邑镇的葫芦种植、加工、销售规模渐大，并形成了巨大的产业链。由此，堂邑镇围绕电子商务发展了一批具有特色的产业，积极培育新型经营主体，着力扩大"一村一品"覆盖面，有力地推动了农村经济发展和农民就业增收。现在很多村庄，村民在家门口有活干、有钱赚，不必东奔西走，四处打工，也可用自己的双手获得一笔可观的收入。另外，堂邑镇将"互联网＋电子商务"这一元素融入美丽乡村建设中，补农村短板，扬农村长处，电子商务入村让该镇的葫芦产业焕发出勃勃生机。

在堂邑镇的葫芦经济产业发展中，路庄村最为典型代表，成就格外显著。现在全村几乎家家户户做葫芦生意，全国葫芦产销量的半壁江山在路庄，是全国最大的葫芦产品集散地，是名副其实的中国葫芦第一村。2013年，路庄村以其精湛的葫芦制作工艺赢得了"山东省十大非物质文化遗产保护特色村"荣誉称号。①

目前，路庄村葫芦工艺品的内容在传统历史人物、民间故事、神话传说的基础上，不断进行拓展与创新，加入伟人肖像、诗词歌赋、个人画像等。在制作工艺上，突破了原来单一的片花、刻花、烙画等传统技艺，巧妙搭配和综合利用各种工艺。在销售模式上，既有销量，薄利多销，将大量烙画产品推向低中端消费市场；同时也发挥东昌雕刻葫芦的特色，打造精品，兼顾高端消费者的需要。随着网络销售的兴起，路庄村葫芦的销售渠道逐渐转到网络上。目前，全村有240多户在网络销售平台注册了自己的商铺。如村中路丙建和杜德平两位年轻人就在阿里巴巴开设"巧手之家工艺葫芦"店铺，以批发为主。他们的客户来自全国各地，主要是景区、古玩城以及二级批发商。平时以中小客户居多，一次订几千元的货，基本上都是烙画葫芦。在路丙建家中，房间里摆了两台激光葫芦雕刻机。路丙建说，因为批发量大，靠手工制作葫芦效率太低，这几年葫芦加工户都买了这种葫芦雕刻机。只要把图案形状设计出来，电脑自动设定程序，一台雕刻机每天可以雕刻四五百个葫芦，图案简单的可以达到上千个，大大提高了效率。初步统计，路庄村现在有230多台葫芦雕刻机，全村平均每天网上销售至少几千个葫芦，全年数百万个。由于村里网店多，现在有十多家快递公司常驻村内，开展相关业务，这种情况在周边村庄绝无仅有②。

①② 参考朱玉东：《聊城淘宝第一村：小葫芦做出大文章》，《聊城日报》2015年7月16日。
http://news.lcxw.cn/liaocheng/pic/20150716/635839.html

二　葫芦文化品牌的打造

2006 年 10 月、2008 年 12 月，东昌葫芦雕刻艺术先后被列入山东省第一批省级非物质文化遗产名录和第二批国家级非物质文化遗产名录。2008 年初，东昌府被命名为"山东省葫芦雕刻艺术之乡"，并于当年 12 月，成功跨入"中国葫芦雕刻文化艺术之乡"的行列，东昌葫芦雕刻技艺成为全省唯一的"双国宝"金字招牌。基于上述优势，东昌府区倾力打造"东昌葫芦"文化品牌，拓展对外交流，先后参加深圳国际文化产业博览会、山东（国际）文化产业博览会、中国非遗展、上海世博会、澳门艺术节、法国巴黎"孔子文化周"等活动与会展，提升了东昌葫芦的知名度，取得了良好的经济和社会效益。此外，当地还非常重视加强与中外民间协会、国内高等院校之间的交流与合作，如与全日本爱瓢会等境外葫芦协会进行互访，建立了长期稳定的交流合作关系；又如与山东工艺美术学院签订葫芦雕刻技艺传承人培训的协议，定期派送艺人和爱好者前往培训点进行学习，等等。再者，东昌连续举办多届全国葫芦文化艺术节，致力于提高东昌葫芦在全国的文化地位和市场地位，使之占据了全国葫芦产业发展的制高点。现在，东昌葫芦市场的些许波动，都会对全国葫芦产业产生很大的影响。

东昌葫芦文化协会参加全日本第 32 回爱瓢会（李广印摄）

东昌葫芦雕刻家李玉成参加联合国孔子文化周交流活动

此外，东昌府还专门成

立葫芦产业发展领导小组，制定了中长期发展规划，由区政府牵头，农业、服务业、文化、旅游等多部门各尽其职，形成了比较完善的组织保障机制。由政府出资建设了葫芦文化博物馆2处、开办葫芦工艺培训班，举办葫芦文化艺术节，收到了非常好的效果。特别值得一提的是葫芦文化艺术节，至今已举办十届，节庆中既有葫芦展示交易、精品葫芦评选、雕刻技艺大赛，又有文化与产业发展论坛、书画、摄影、群众现场体验、基地观光等活动，为葫芦业户和葫芦爱好者搭建了一个交流与合作的平台，把众多葫芦业户和葫芦爱好者，从散发状态凝聚、团结起来，弘扬葫芦文化，传承与创新葫芦工艺，将葫芦经济与文化产业有机结合，发展壮大，在国内外产生了很大的反响，取得了明显的经济效益和社会影响。现在东昌葫芦文化节不断完善、发展，开拓创新，已经成为国内外葫芦文化交流的优质平台和知名品牌。

第二节　东昌葫芦新工艺研发

一　传统葫芦的加工工艺情况

东昌葫芦雕刻用料考究，刻工纯熟，线条流畅，图案丰富，制作精良。原料以"大葫芦"、"亚腰葫芦"和"扁圆葫芦"为主，大体分三种，一是"上等葫芦"，选料精良，精工细刻，图案主要是人物、山水画等；二是"中等葫芦"，用料稍次，多刻花鸟、鱼虫、走兽等；三是"花葫芦"，将葫芦染成红色后，以粗犷遒劲的刀法，刻以各式花纹图案等。

东昌雕刻葫芦的制作过程基本上分为三道工序：第一道工序是，将成熟的葫芦摘下来，放在锅中煮，然后堆放在一起使其发酵，以去掉表层青皮，使葫芦颜色变黄。第二道工序是在葫芦表面雕刻上各种图案。

一般雕刻葫芦的技法是"刻"或"片"，都只是在葫芦表面上做文章。东昌葫芦雕刻技法上最成功之处在于借鉴了雕刻工艺的镂雕技法，将构图以外的空白部分全部镂空，透刻上折线纹、如意纹、古钱纹等各式花纹，不仅改善了葫芦的透气传声性能，也增强了葫芦的整体审美效果。第三道工序是上色。先用锅底灰或麦秸灰同棉油或豆油搅拌均匀，加入色料，抹在雕有图案的葫芦上，最后用布把葫芦表面的灰擦拭干净，留在图案凹槽的油灰使图案更加清晰逼真，永不褪色。

于凤刚开发的葫芦灯具

东昌葫芦雕刻的题材内容非常丰富，以花鸟、虫鱼、走兽、人物、山水居多。人物雕刻的取材多以四大名著中的故事情节构思入画，如《三国演义》中的桃园三结义，《红楼梦》中的金陵十二钗，《西游记》中的三打白骨精，《水浒传》中的武松打虎等。其中雕刻最多的是戏曲葫芦，大多表现当地老百姓耳熟能详的戏剧故事与戏剧人物，既有穆桂英挂帅、三娘教子、墙头记、樊梨花征西、四郎探母等；又有人们熟悉崇拜的历史人物、革命英雄人物以及地方名人等；还有"八仙过海"、"白蛇传"等各种民间故事和神话传说，富有浓郁的生活情趣。而另类的春宫葫芦作为生殖文化和性文化的乡土教材，大多表现性生活的有关场景，有八幅面、十二幅面、二十四幅面等三种，多取材于《金瓶梅》中西门庆与潘金莲的故事内容，以针刻为主，刻法细腻流畅，在民间也曾颇受欢迎。

"花葫芦"的片刻是东昌葫芦雕刻中最为普及的技艺。在下刀之前，先将葫芦染色，用枣树皮熬成溶液，或用荔枝红染料兑水，将葫芦放进去浸泡。染色后的葫芦呈紫红色，非常鲜艳，用刻刀片出花纹后，红底白茬，极其醒目艳丽。一般先片顶花，再片中间大花，最后片底花，整个工序全靠一把刻刀，不需其他辅助工具，刀法简练夸张，生动传神，极具中国泼墨画之神韵。

二　当前葫芦加工工艺的创新

（一）雕刻工艺创新

雕刻、片花、烙画是过去东昌葫芦在市场上的主要产品工艺手法，特别是烙画，因其市场需求大，且加工工艺相对简单，曾占据了东昌工艺葫芦市场的绝大部分。不过从十届葫芦艺术节举办的情况可以看出，烙画葫芦之外的其他工艺开始强势突破，并展现出勃勃生机和巨大的市场潜力。在雕刻技术方面，只要稍具规模的葫芦工艺品加工厂，都会采购一台激光雕刻机进行葫芦烙花加工的烙字工序，提高了生产效率，具有广阔的市场前景。但从总体上来看，烙画工艺的市场份额渐渐减少，烙画葫芦的比例逐年递减。与之相反，创新工艺、创意作品则更多的吸引了参展商、参观者的眼球。特别是实用工艺的开发将成为东昌葫芦新的经济增长点，比如于风刚公司开发的镶嵌葫芦灯，既可以作为工艺品在家中摆放，也可作为灯具，兼具欣赏性与实用性。彩绘工艺、景泰蓝工艺、浮雕工艺、镂空工艺、漆器工艺、实用工艺（如避疫葫芦等）以及多种工艺杂糅形成的新工艺也不断获得了市场的认可。

（二）雕刻内容与时俱进

在传统的山水、草木、植物、戏剧人物和情节、宗教人物、圣贤等葫芦雕刻内容基础上，现在的东昌雕刻葫芦又有了进一步的拓展，充满时代气息，如在葫芦上烙画新的政治、文化、体育和娱乐影视等各界中外名人肖像，反映异域风情、动漫元素、时政宣传，不断丰富着葫芦文化元素。

（三）吸纳异地葫芦工艺精粹

　　"他山之石，可以攻玉"，聊城葫芦雕刻家们利用各种机会，或请进来，或走出去，充分学习其他地区如兰州针雕葫芦、国外各种葫芦雕刻技艺手法，海纳百川，包容创新。

　　①国内的兰州葫芦工艺

　　葫芦工艺在兰州久负盛名，尤其是临夏地区历史较长，影响最大，从该地产出的作品在兰州旅游纪念品市场中占九成以上的份额。在葫芦选择方面，兰州刻葫芦选用比较多的是亚腰葫芦和兰州特有的鸡蛋葫芦，亚腰葫芦就是中间有细腰的葫芦，而鸡蛋葫芦是兰州特有的品种，因其形似鸡蛋，故得称。这种葫芦一般体型比较小，质地比较坚硬，皮质细腻而光滑，略呈浅黄色，大者如鸡蛋，小者如算盘珠。除了选材之外，兰州雕刻工艺也与东昌葫芦有所不同，这里最常见的是细微的针刻葫芦，以针尖在鸡蛋葫芦上刻画和表现各种图案。雕工以小见长，针法细腻，线条流畅，小中见大。如在直径仅4厘米的葫芦上分别刻有"唐诗桃源行"、"赤壁夜游图"、"饮中八仙歌"。细小的文字绘画，需用放大镜才能看清其点划。兰州葫芦雕刻有以下几个特点："以中国画线描为基础技法；以中国画的披麻皴、斧劈皴、荷叶皴等传统技法雕刻山水图案；以高远法、平远法为主的中国画散点透视方法构图；以分割或通体形式表现画面；以'繁、微、细'为作品之最佳要求。"①这些都值得东昌葫芦艺术家和工匠借鉴与吸纳。

　　在传承和发展方面，兰州葫芦也有非常值得学习之处。从清代传承至今，虽然几经低迷时期，但兰州刻葫芦一直人才济济，名家辈出，如阮文辉、陈唯一、王德山、李文斋、马耀良等人。早在20世纪40年代以来，兰州刻葫芦通过历代民间艺术匠人的努力，其质量与品味在不断创新中得到提升，其中以阮光宇、王德山、王云山、陈唯一最为出名。阮光宇原本是河北省的一个民间画家，1938年移居兰州后，开始研究刻葫芦的技艺，并将他在诗书画印等方面的修养引入至这一民间艺术

---

① 杨帆：《甘肃雕刻葫芦文化与技艺传承》，《发展》2013年12期。

中。因而他的刻葫芦题材广泛，刻功精细，凡诗词书法、南北派山水、以及西厢、红楼、聊斋人物，应有尽有，技法也日臻完美。至50年代，在政府的支持下，1954年兰州市特种工艺美术社成立，专门从事刻葫芦的制作。1958年兰州市又成立了美术工艺雕刻厂，有专门从事雕刻葫芦的工种与艺人，次年4月还成立了兰州葫芦生产车间①，这就使得兰州葫芦无论是在数量上还是质量上均有很大的保证和提高。兰州葫芦于1959年首次出口海外，行销于英国、德国、匈牙利和苏联等国，年出口量达1100多件，驰誉世界，受到不少国际友人的高度评价。70年代，兰州雕刻葫芦所用的葫芦经过改良、培植，更多地加工一些独特品种的葫芦。这种葫芦形如鸡蛋，小者如算盘珠，皮质细腻而光滑，略呈浅黄色。每到成熟采摘后，经过刮去外皮、晒干、磨光，尤见光亮。然后，艺人们在葫芦上设计、刻画各种人物、云山烟雨、花卉、诗文书法等，风格古朴典雅。传统以针浅刻，技法以工笔画为主。80年代以后，兰州葫芦艺术大家阮文辉以刀代针，并且创作出镂空刻葫芦、仿水墨画刻葫芦、彩画刻葫芦等，一改传统针刻线条死板单薄的缺点。有的刻葫芦上端开口，配以盖，下端配以底座，有的可以悬空吊挂。

进入90年代以后，兰州葫芦艺术界更是人才济济，高手如林。有些优秀艺人对传统刻法进行改进和再完善，在前人的基础上产生了一些新的技法，如难度最大的针刀并用技法、彩刻技法、押花和雕刻相结合的技法等等，这些技法最终使葫芦作品构图更加新颖，线条流畅，艺术价值更上一层楼。技法是为了表现物体结构、空间、质感、色彩关系的。现在的优秀艺人对美术基础理论的全新认识，依赖高超技法而体现，对现代雕刻艺术的各种技法的认识较全面，他们中涌现出一些新秀，如齐鸿民、唐占鸿、彭彦文、邱临俊、王小弟等。

兰州刻葫芦由于刻工精细绝妙，注重传神写意，艺术感染力强，具有浓郁的民族地方特色，是馈赠亲友、工艺收藏的首选，不少精绝奇妙的惊

① 曹炜冰：《山西曲沃葫芦工艺的研究》，北京理工大学硕士学位论文，2015年，第55页。

世之作被国家乃至海外有关部门收藏，远销英、德、日、美等国，成为兰州市出口的传统工艺品之一，每年出口量在万枚以上。小小的刻葫芦，集兰州传统文化、民间工艺和地域特色于一身，渐渐走出兰州、面向全国，走入全世界，展示新风景，开创大市场。其中有不少地方值得东昌学习借鉴。

②国外的葫芦工艺发展

当越来越多中国制造的葫芦工艺品走出国门，国外也有艺术家在葫芦上做文章。国外葫芦种植历史和葫芦文化相当可观，目前有许多国家都成立了葫芦文化协会,如日本的葫芦协会、美国的葫芦协会等,其中"美国的葫芦协会成立于1937年，发展至今已经有30多个州都成立了葫芦协会，全国大约有会员8.5万人，还有许多下属协会，美国葫芦协会会不定期举办葫芦节，对葫芦爱好者在葫芦文化、历史、应用、手工艺方面进行培训和指导，以提高和促进葫芦文化和艺术的传承与发展，六十多年来不断有葫芦博览会以进行交流和出售作品"。[1]有关研究国外葫芦的资料也被陆续翻译，并传入国内，如白磊著《葫芦花园》、斯佩克著《东南印第安人的葫芦》，论述了美国印第安人对葫芦的应用和民间传说，分析其应用范畴和葫芦与种族的联系。美国葫芦协会还编著了《葫芦的文化和工艺》，收录了关于葫芦的园艺实践、培育、支撑架以及工艺技术种类方面的文章。这些都是激发东昌葫芦艺术创新灵感的重要来源。

当然，由于东西方文化的差异，在工艺与风格方面自然有不同之处。如中国人追求完美，从种植到采摘再到葫芦的选择都十分精细，经常是十个葫芦里面才能选出一个，只为了找一个形状工整，没有瑕疵的葫芦。而国外艺术家们对葫芦的选择更青睐形状怪些、有特色的，他们不讲究龙头，也不深究葫芦的腰长和肚圆。在葫芦装饰上，国外会采用各种能想到的材料，风格就像毕加索笔下的油画，色彩浓郁。葫芦艺匠在葫芦高端精品的创作中要特别注意，致力于创造真正有民族与世界双重色调

---

① 曹炜冰：《山西曲沃葫芦工艺的研究》，北京理工大学硕士学位论文，2015年，第56页。

和风格的作品，中西合璧，圆融无碍，既有民族与地方特色，也符合国外文化审美需求。这些是东昌雕刻葫芦在走向国际化过程中需要留意和创新突破之处。

第三节　东昌葫芦文化的发展

一　走出去的东昌葫芦文化

东昌葫芦文化自其发展之初，就坚持引进来与走出去双轨发展的原则，大力推动东昌葫芦走出聊城、走遍全国和走出国门、融入世界的外拓进程。自 2007 年至今，东昌府区主办了十届葫芦文化艺术节，吸纳同内外同行进行参观交流。在节庆中，当地政府多次组织产品展销、葫芦工艺比赛、精品葫芦展示、中华葫芦文化产业高端论坛、葫芦文化专场文艺演出等丰富多彩的活动。此外，举办方数次聘请中国葫芦文化研究发起人游琪女士、中国民俗学会秘书长叶涛教授、曲阜师范大学扈庆学教授、山东省民俗学会会长刘德龙先生等国内著名民俗文化研究学者，延请国内各地葫芦文化协会人士、葫芦艺术加工名家和日本等国外葫芦文化爱好人士与商家来聊城参会，进行学术研讨、商贸往来、文化交流，取得很好的宣传效果。

2006 年初，东昌葫芦艺术家参加在中国国家博物馆举办的"中国非物质文化遗产保护成果展"，在山东展区，东昌雕刻葫芦以其天然雅致的造型、栩栩如生的雕刻图案受到观众的喜爱。2007 年 5 月 7 日至 21 日，在辽宁葫芦岛举办的第二届国际葫芦文化节上，20 多家参展商中，东昌葫芦就占了 12 家，成为参会的主角。11 月 25 日，由山东省委宣传部、北京市社科联、北京大学等联合举办的"齐鲁文化大家走进北京大学百周年讲堂系列活动"第七讲"齐鲁文化与山东民俗"讲座中，专家对东昌工艺葫芦进行了现场展示，受到广泛关注和赞誉。近几年来，东昌葫芦界人士相继参加了 2006 年中国（深圳）第二届国际文化产业博览会、山东济南国际文化产业博览会和中国义乌国际小商品博览会，2009 年在山东济南举办的中国首届非物质文化遗产博览会以及 2010 年上海世博会和 2011 年中国（四川成都）第二届国际文化产业博览会等。所有这些活动在为东昌葫芦业户带来大量订单的同时，也打响了东昌葫芦的文化品牌，受到媒体的广泛关注，中央电视台"致富经"、每日农经、山东电视台"乡村季风"等栏目通过专题"江北葫芦王和他的 500 个葫芦"、"葫芦新花样"等节目以及聊城电视台和国内外多家媒体多次作相关报道、专题宣传，2012 年的 5 月 29 日，《经济日报》曾以整版的篇幅对东昌府区的葫芦技艺进行详细报道，产生了很好的品牌效应。

在海外，先后有日本爱瓢会、美国葫芦协会以及韩国、英国等国家和地区的相关人士来东昌府区进行文化交流、洽谈葫芦业务。2006 年 9 月和 2007 年 4 月，日本爱瓢会两次来东昌府区交流葫芦文化。随后，东昌府区又组织有关人员回访，由此，双方建立了良好的合作与交流关系，成果显著。在东昌府区政府的指引下，葫芦界人士与山东艺术学院、山东工艺美院、山东省民俗学会、聊城大学艺术学院、齐鲁国际动漫艺术博览会组委会等单位开展定期的交流与合作，为东昌葫芦文化的传承与发展提供了技艺、文化、科技、人才等方面的指导与支持。这些对外交流活动，或请进来，或走出去，都在很大程度上宣传了东昌葫芦文化，扩大了东昌葫芦的影响力，收到了良好的经济社会效益。

二　东昌葫芦文化发展的问题

虽然近年来葫芦工艺品市场出现节节攀升的良好势头，相关产业得到大力发展，但由于受政策、资金等诸多因素的影响，东昌府区葫芦文

化产业仍然面临诸多问题。^①

(1) 加工工艺不精，产品品种少。东昌府区是全国最大的种植基地，产品以卖白皮葫芦为主。东昌府区葫芦加工大多局限于雕刻、烙花、片刻等传统工艺，在技艺、样式、色彩、造型等方面与国内外其他产品相比还有很大差距，多了一些"土"气、"俗"气，少了一些"贵"气，葫芦的文化附加值小。

(2) 雕刻加工后备人才不足。受市场经济和功利思想的影响，年轻人多半都不愿意从事这项工作，现在从事传统雕刻技艺加工艺术品葫芦的人员主要是中老年人，从事雕刻艺术品葫芦产业的人员出现了某种断层，使东昌葫芦雕刻工艺较难普及与传承。一些有识之士指出，"东昌府区的葫芦加工量已占全国份额的60%以上，中国葫芦雕刻文化艺术之乡声名远播，但葫芦制作工艺依然相对落后，独具特色的东昌葫芦雕刻艺人太少"^②。目前东昌府区从事工艺葫芦加工的知名人士少，缺少像张福来、张作良、张太岭、张冰、陈胜这样的重量级人物。

(3) 缺少有影响的区域性品牌。兰州的针刺葫芦、天津的范制葫芦、山西的漆制葫芦，这些都是当地区域性标志。戏曲雕刻葫芦，以戏曲人物和情节为素材的雕刻葫芦是国家级非物质文化遗产保护项目，是东昌府葫芦的区域性品牌，但从业人员少，品种和产量太少。在东昌府区葫芦摊位上看到的更多的是烙画、片花葫芦，还有一些通过激光机器加工制作的商品，在艺术性和收藏价值上有一定差距。

(4) 缺少龙头企业，工艺葫芦产业没有形成更大规模。东昌府区有葫芦加工企业400家，数量很多，但都是家庭作坊式企业。虽然取得了一定经济效益，但基本是每家每户进行生产，分散经营与销售，整体效益较差。受制于思想观念和外部条件的约束，东昌葫芦业界人士没有也无法组成大型公司，缺少大公司、大企业，缺少龙头带动企业，精品葫芦工艺品的生产量较少，知名度不高，没有形成品牌效应。如何吸引有

---

① 参见聊城东昌府区文广新局《东昌葫芦文化产业发展的思考》，详见本书附录三。
② "葫芦雕刻老艺人之子受邀重拾家传手艺"，《聊城晚报》，2004年10月28日。

经济实力的实业家把目光与资本大量投向这个行业中来，是未来东昌葫芦文化产业发展需要解决的重大问题。

三　东昌葫芦文化发展前景

葫芦文化产业化发展是东昌府经济发展、民众增收、传统延续和文化发展的重要途径。如何解决上述葫芦文化产业中的问题，是摆在聊城葫芦文化界人士面前的重要任务。在葫芦文化产业走向现代化、国际化的发展道路上，有学者提出很好的建议①：（1）通过本地融资、对国内外招商引资等形式，依托经济开发区，打造葫芦种植特色园区，实现区域种植面积的规模化发展和种植基地建设的特色化运营。（2）与国内外知名农科院所联合，聘请高科技人员利用现代生物种植技术大力研发异形葫芦、色彩葫芦、巨型葫芦等特色品种，形成特色葫芦文化种植产业链，建设高新科技葫芦种植园区。（3）成立专门的葫芦文化研究组织，强化与各大美院、工艺研究所的联合，在艺术表现和文化内涵上实现多方面突破，既有在传统的雕、刻、烙、漆、描等技法上有继承性突破，同时还要打破国界，将其他民族的优秀文化与工艺嫁接到东昌葫芦上，形成民族与世界风格的完美融合。（4）区政府安排毕业生到葫芦加工企业就业，实现生、企间双向选择，通过举办培训班、外出学习和交流等形式对现有工艺葫芦加工队伍进行重点培养和提高，建立起一支专业性强的葫芦工艺加工队伍。（5）外引内联，建立国际国内市场营销队伍,实现国际销售比例快速增长,争取在出口外汇上实现突破。（6）开发葫芦文化产业的衍生项目，实现葫芦文化与民族文化工艺的多层面交流和吸收，将剪纸工艺、年画工艺、动漫艺术、音乐艺术等不同的艺术形式借助葫芦工艺表现出来，形成葫芦加工工艺的衍生产业，如葫芦丝的生产、动漫葫芦的加工等。（7）在葫芦的食用、药用等实用方面

---

① 参见苟春艳《东昌葫芦雕刻艺术的传承与发展研究》，重庆大学硕士论文，2012年，第27—28页。

挖掘，特别是在葫芦的药用与食用相结合的药膳上做文章，进行葫芦药膳研究，实现葫芦文化的多层面利用。

未来，聊城政府、民间和学者三方合作，形成合力，从以下几方面着手，做大、做强、做好葫芦文化产业，以破解以往存在的问题。(1)推进产业园建设，引导集中种植，促进新产品研发。依托堂邑的葫芦种植优势，建设初具规模的葫芦种植园区，将东昌府区变成全国葫芦市场的产品加工和供应基地。(2)把葫芦基地同乡村旅游相结合。打造葫芦农家院，让游客能观赏葫芦、把玩葫芦、体验葫芦工艺、品味葫芦盛宴等，在亲身的体验和体会中感受葫芦文化的丰富内涵。（3）培植一批骨干企业，给予政策倾斜，重点扶持，促进其加快发展。充分发挥骨干企业对葫芦工艺品产业的引领作用。实现产业整合发展，形成具有竞争力的特色产业集群。（4）与高校交流合作，走葫芦产业高精之路。在大力发展工艺葫芦的同时，走精品葫芦、艺术品葫芦的高精之路，使东昌葫芦的内容形式为之一变，创作手法、艺术水平、欣赏品味大大提高，经济附加值大幅攀升。（5）培养从业人员。通过和高校联合或举办培训班培养一批高精尖的艺术和技术人才。通过葫芦文化进校园、葫芦工艺大赛培养更多的葫芦爱好者，广植葫芦人才的根基。（6）加强与国内外葫芦业界的交流与合作。加强与国内兄弟省市的葫芦协会、葫芦企业、葫芦爱好者和专家学者的交流，加强与美国、日本等国外知名葫芦协会的交流合作，提高东昌葫芦的知名度和话语权，提高东昌葫芦销售额，使得东昌府小葫芦具有国内外的大市场。（7）挖掘葫芦文化内涵。葫芦是人文瓜果，作为先民比较早的文化图腾，在长期的历史进程中，人们赋予了葫芦更多的文化内涵，小小葫芦承载了更多的神话传说和文化信息。我们将进一步挖掘葫芦文化内涵，制作葫芦专题片《葫芦之乡——东昌府》，编辑出版《东昌葫芦艺术》、《东昌葫芦文化》、《东昌雕刻葫芦名家故事》等书籍与读物，注册建立葫芦网站，开办葫芦文化微信公众号，主办关于葫芦的报刊，筹建全国范围的葫芦文化协会，等等。

总之，通过以上措施，东昌葫芦雕刻技艺、葫芦文化将会得到更好的传承与弘扬，明天将会更加美好。

附 录

附录一 东昌葫芦文化发展大事记

1972 年，聊城工艺美术厂安排工艺美术技师加工蝈蝈葫芦，产品远销东南亚，成为当时聊城重要的外销产品之一。

1991 年 10 月，杨际俊应邀参加山东省美术馆组织的民间艺术大赛。

1992 年 5 月，东昌葫芦雕刻艺术家李玉成雕刻葫芦四件作品入选"92 山东民间文化艺术展"。

1996 年 5 月，东昌葫芦雕刻艺术家李玉成雕刻葫芦《盗玉杯》荣获全省民间工艺博览会银奖。

2003 年 3 月，区委宣传部召开由区文体育局、各乡镇、办事处分管书记、文化站长和知名雕刻艺人参加的"东昌葫芦雕刻工艺研讨会"，对东昌葫芦雕刻工艺进行研讨，明确提出东昌葫芦雕刻工艺是东昌府区的特色文化遗产，应全力进行保护、发展。

2004 年 1 月，东昌府区第十届人代会和政协第十届委员会上，有关人大代表、政协委员均把保护东昌葫芦雕刻作为重要提案内容，呼吁加强对非物质文化遗产——东昌葫芦雕刻的保护。

2004 年 6 月，"中国葫芦第一村"股份公司在东昌府区堂邑镇路庄村成立。

2004 年 12 月，市、区有关专家、学者、知名艺人对东昌葫芦雕刻的现状、保护和发展等问题进行了深入、细致的研讨。

2005 年 10 月，东昌葫芦雕刻艺术申报首批国家级非物质文化遗产名录。区委召开保护东昌葫芦雕刻专项工作会议，对保护、发展东昌葫芦雕刻工作进行了全面部署。

2006 年 4 月，东昌府区文化体育局召集全区葫芦产业种植户和工艺加工户代表会议，就参加（深圳）第二届中国国际文化产业博览交易会事宜进行商谈。

2006 年 5 月 18 日—5 月 21 日，东昌府区文体局主要领导率领十几位东昌工艺葫芦艺术家参加（深圳）第二届中国国际文化产业博览交易会，东昌葫芦成为该届文博会的一大亮点，取得良好的社会效益和经济效益。

2006 年 6 月 16 日—18 日，在山东省首届国际文化产业博览会上，东昌工艺葫芦再次受到广泛关注。

2006 年 7 月，区委、区政府开始制定葫芦产业发展规划，将东昌葫芦雕刻的保护和传承纳入规划。

2006 年 9 月 10 日，日本爱瓢会（葫芦协会）一行 19 人来东昌府区进行中日葫芦文化交流活动，称终于找到了中国最大的葫芦生产加工基地。

2006 年 10 月，东昌葫芦雕刻艺术申报山东省首批非物质文化遗产名录。

2006 年 11 月 25 日，东昌葫芦参加"齐鲁文化进北大"活动，走进中国名牌大学，引起北大师生对东昌葫芦的高度关注。

2006 年 12 月，东昌府区文体局把筹办聊城葫芦文化艺术节列入 2007 年工作计划，并把此作为 2007 年东昌府区文化界重点办好的十件大事之一。

2007 年 4 月，东昌葫芦文化协会成立。李广印任会长，区委、区政府主要领导任名誉会长，省社科联党组书记刘德龙等领导到会祝贺并致辞。

2007 年 8 月，东昌府区时任常务副区长毕黎明、区长助理、服务业办公室主任王德强应邀组团参加辽宁葫芦岛葫芦文化艺术节。

2007年8月，东昌葫芦产业申报山东省首批文化产业基地。

2007年，葫芦雕刻作品《吉庆有余》等六件作品入选山东省非物质文化遗产精品展

2007年10月1日，东昌府举办首届中国江北水城·运河古都（聊城）葫芦文化艺术节。

2008年5月，在王怀华副区长带领下，东昌葫芦文化协会一行7人，赴日本爱知县参加全日本第32回爱瓢大会。

2008年12月1日，东昌雕刻葫芦技艺被列入国家第二批非物质文化遗产保护名录，东昌府区被文化部命名为中国葫芦雕刻文化艺术之乡。

2008年9月26日，东昌府举办第二届中国江北水城·运河古都（聊城）葫芦文化艺术节。

2009年9月20日，中国江北水城·运河古都（聊城）葫芦文化艺术节分别在堂邑镇和姜堤乐园举行开幕式，并在两地设分会场，日本爱瓢会首次应邀派代表与会。

2009年4月1日，东昌府区葫芦文化协会在区委书记李小平带领下，再次应邀组团参加全日本爱瓢会大会。

2009年12月，李玉成葫芦雕刻传习所成立，并举行收徒仪式。

2010年10月12日，东昌府举办第四届中国江北水城·运河古都（聊城）葫芦文化艺术节，并在会议期间首次举办扈鲁写意葫芦画展。

2010年8月11日，葫芦雕刻传承人李玉成参加了上海世博会山东活动周非遗展演。

2010年12月，东昌雕刻葫芦传承人李玉成应邀参加由联合国教科文组织在法国巴黎举办的孔子文化周，并在现场展示东昌雕刻葫芦技艺，引起教科文总部领导的高度关注，标志着东昌雕刻葫芦技艺已经成为我国对外文化交流的重要载体。

2011年4月，东昌雕刻葫芦传承人李玉成到澳门特别行政区展演葫芦雕刻技艺。

2011年9月27日，东昌府举办第五届中国江北水城·运河古都（聊城）葫芦文化艺术节。

2011年10月，东昌府区堂邑镇成立葫芦协会。

2011年12月，东昌雕刻葫芦传承人李玉成参加了由文化部和北京市人民政府共同举办的"百名非物质文化遗产代表性传承人迎春活动"。

2012年4月，东昌雕刻葫芦传承人李玉成赴韩国首尔参加了"同一地球村"非遗葫芦雕刻技艺展演。

2012年10月12日，东昌府举办第六届中国江北水城·运河古都（聊城）葫芦文化艺术节。

2013年10月15日，东昌府举办第七届中国江北水城·运河古都（聊城）葫芦文化艺术节。

2013年10月，李玉成赴台湾参加了"相聚基隆一家亲"雕刻葫芦技艺展演。

2014年10月12日，东昌府举办第八届中国江北水城·运河古都（聊城）葫芦文化艺术节。

2014年10月，云南省普洱市澜沧拉祜族自治县县文广新局一行五人在副局长张晓东的带领下应邀参加第八届中国江北水城·运河古都（聊城）葫芦文化艺术节，并在葫芦节论坛会上发表重要讲话，东昌府区与云南普洱市澜沧拉祜族自治县因葫芦结为友好县市。

2014年12月1日，王树峰被命名为省级葫芦雕刻非遗传承人，截至2014年东昌府区共有李玉成等4名省级东昌葫芦雕刻非遗传承人。

2015年4月7日，东昌府区文广新局王涛主任应邀组织省级非遗传承人王心生等五人参加云南省普洱市澜沧拉祜自治县葫芦节。

2015年10月1日，聊城市运河书画院成立葫芦雕刻传习所。

2015年10月1日，聊城市鲁西民间艺术体验馆在古城区开馆，并成立葫芦雕刻传习所。

2015年11月10日，中国农业部领导参观葫芦种植第一村。

2015年11月12日，东昌府举办第九届中国江北水城·运河古都（聊城）葫芦文化艺术节。

2015 年 11 月 12 日，中央电视台在葫芦节期间拍摄葫芦专题片，并专题采访曲阜师范大学葫芦写意画与收藏专家扈鲁先生。

2015 年 12 月 1 日，闫寺办事处省级非遗传承人王树峰成立树峰葫芦传习所。

2015 年 12 月 10 日，义珺轩葫芦博物馆古城区开馆。

2015 年 12 月 20 日，东昌府葫芦展馆在古城区开馆。

2016 年 3 月 11 日，东昌区与文广新局相关领导赴曲阜师范大学参加《葫芦文化丛书》编纂启动工作会议。

2016 年 4 月 7 日，王怀华副区长、文广新局史兆国局长等一行前往云南澜沧县参加葫芦文化交流活动。

2016 年 5 月 16 日，东昌府区水城小学成立雕刻葫芦见习所。

2016 年 5 月 17 日，文广新局接待曲阜师范大学《葫芦文化丛书》编纂委员会成员一行，在《东昌府卷》编纂会议上，局领导与各乡镇的专家、艺人同丛书主编扈鲁先生进行座谈，商讨丛书中《东昌府卷》的编纂工作。

2016 年 7 月 8 日，王怀华副区长、文广新局史兆国局长、王涛主任等人前往辽宁葫芦岛参加葫芦文化节。

2016 年 8 月 10 日，义珺轩葫芦博物馆馆长贾飞与省级传承人李玉成参加中国革命老区非物质文化遗产展览。

2016 年 9 月 1 日，义珺轩葫芦博物馆馆长贾飞参加中国（济南）非物质文化遗产展。

2016 年 9 月 21 日—23 日，《葫芦文化丛书》第二次编纂工作会议在东昌召开。

2016 年 11 月 18 日—21 日，东昌府区召开第十届葫芦文化艺术节。

2016 年 12 月 9 日，东昌府区文广新局领导应邀参加天津葫芦节。

2016 年 12 月 15 日—17 日，东昌府区文广新局召开《葫芦文化丛书·东昌府卷》编辑工作调度会议。

附录二　东昌葫芦文化产业发展规划报告[①]

文化产业是一种特殊的精神文化产品，随着市场经济的发展，文化市场的经济效益日渐显现，文化产业对市场经济的拉动作用越来越明显，文化进入市场，正在成为新的经济增长点。作为一种新兴的产业，文化产业的兴起和发展正在成为市场经济条件下最引人注目的文化经济现象。随着山东建设文化大省等一系列战略发展机遇的到来，文化产业的发展迎来了加快扩张、健康发展的大好时机。根据市委、市政府提出的"深化文化体制改革、加快文化产业发展、建设文化大市"的要求，结合东昌府区的实际情况，现制定东昌府区发展葫芦文化产业的整体规划，乘势而上，创新发展。

一　东昌府区发展葫芦文化的条件分析

葫芦文化产业是东昌府区文化产业一支最有希望的生力军，以葫芦文化产业为突破口实现东昌府区文化产业的真正破题。有利条件是：

1. 东昌府区有着悠久的葫芦种植加工的传统。从原始社会至汉代为种植食用期，至宋代在葫芦山进行简单的雕刻，逐渐成为民间工艺，明、

---

① 摘自东昌文化发展协会主编《东昌葫芦艺术》第六编《关于发展葫芦文化产业的整体规划的报告》（内部资料），2006年版，第71—76页。

清至民国在艺术技法上已经非常成熟，葫芦成为传统文化的载体。因其作品取材广泛、技法多变、精雕细刻，并凭借运河漕运繁盛之利，销往全国。新中国成立后以来，虽经历了发展、衰落、复苏和在发展的过程，但种植葫芦的传统和技艺依旧根植于我区农村。

2.东昌工艺葫芦具有相当强的市场竞争实力。现在东昌府区的葫芦产业种植生产和销售基地主要包括堂邑镇路庄、梁水镇后庄、大杨庄、闫寺办事处李什村，种植总面积在 2000 多亩，年销售量在 3000 万只以上，销售额近亿元。

3.市场前景广阔。东昌工艺葫芦不但远销全国，而且出口到英、美、加拿大等 10 多个国家。长期以来深受人们的喜爱，国内外市场对葫芦的需求量不断增加，供不应求。

4.东昌工艺葫芦的加工人才尚未断层。以闫寺李什村李玉成，堂邑镇路庄村郝洪燃、于凤刚、路宗会，梁水镇王心生，道口铺梁刘村刘廷波等为代表的东昌葫芦加工艺人的技艺囊括了国内加工各式各样的工艺葫芦加工技艺。

5.聊城位于鲁西北以及晋冀鲁豫四省交界的交通网络的枢纽位置，京九铁路、济邯铁路、济聊馆高速公路以及正在筹建的两条高等级公路形成便捷的交通，将给外来者带来便利，也给我们以发展的机遇。

二　发展葫芦文化产业的基本规划

为实现东昌府区葫芦文化产业的发展目标，根据我区实际制定东昌府区葫芦文化产业的发展规划，使涉及到葫芦种植、工艺加工、市场销售整个文化产业链的各环节有机结合并相对独立。初步规划如下：

一年内完成对全区葫芦种植户、加工户、市场营销人员进行产业运作、产业化发展的初步培养，从种植、加工、销售等方面突破原有模式，落实葫芦技艺大赛暨国际葫芦文化艺术博览会的筹备和运行工作，为实现我区葫芦文化产业的良性发展打下基础。

具体措施之一：

1.进行葫芦种植专业村建设。在基础较好的堂邑镇路庄村、道口铺办事处梁刘村、梁水镇后王村、杨庄村、闫寺办事处李什村扩大种植面积，为实现产业化运作打下种植基础；

2.建立东昌葫芦文化协会，具体配合政府部门完成申报山东省省级葫芦艺术之乡，申报省级及国家级非物质文化遗产工作，进一步挖掘东昌工艺葫芦的文化内涵；

3.规范加工技艺，提高文化含量。在2007年4月—5月间，举办全市葫芦加工工艺大赛，通过竞技进一步拓展艺术加工的空间；

4.注册商标为产业化发展、企业长远发展打下基础；完成东昌工艺葫芦文化的挖掘整理，为东昌工艺葫芦的底蕴注入更深层次的活力。

5.与日本、美国、韩国等国家的葫芦协会联系合作，筹备国际葫芦文化艺术博览会，在2007年9月—10月间，举办首届国际葫芦文化艺术博览会。

6.开办工艺美术培训班，在下岗职工、待业青年和在校学生中招收学员，培养葫芦工艺美术加工人才。

7.加大葫芦文化产业的经济效益和社会效益宣传，参照发展服务业的优惠政策，制定葫芦文化产业发展的优惠政策，对葫芦文化产业进行重点扶持。

8.瞄准国际市场，从大学应届毕业生中培训具有专业外语基础的葫芦营销人才，突破原有销售模式。

三年内完成全区葫芦种植园区的基本建设，完成葫芦特色村的基本建设；葫芦工艺加工人才的统筹和培养工作，建立一支专业性强的葫芦工艺加工队伍；完成销售组织的内统和外联工作，把葫芦技艺大赛暨国际葫芦文化艺术节打造为国内知名的工艺展会，为葫芦文化产业的发展奠定国际化道路。

具体措施之二：

1.通过本地融资、对国内外招商引资等形式，依托嘉明经济开发区，打造葫芦种植特色园区。使东昌府区的葫芦种植不仅实现区域种植面积的规模化发展，还要实现种植基地建设的特色化运营。

2.与国内外知名农科院所联合，聘请高科技人员利用现代生物种植技术大力研发异形葫芦、色彩葫芦、巨型葫芦等特色品种，形成特色葫芦文化种植产业链，依托嘉明经济开发区，建设高新科技葫芦种植园。

3.成立专门的葫芦文化研究组织，强化与各大美院、工艺研究所的联合，在艺术表现上和文化内涵上实现多方面突破，不但要在传统的雕、刻、烙、漆、描等技法上有继承性突破，而且要打破国界，将世界上各民族的优秀文化嫁接到葫芦山来，形成民族文化和世界文化的完美融合。

4.区政府安排毕业生到葫芦加工企业就业，实行生、企间双向选择，通过举办培训班、外出学习和交流等形式对现有工艺葫芦加工队伍进行重点培养和提高，建立一支专业性强的葫芦工艺加工队伍。

5.外引内联，建立国际国内市场营销队伍，实现国际销售比例快速增长，争取在出口创汇上实现突破。

6.开关葫芦文化产业衍生项目，实现葫芦文化与民族文化工艺的多层面交流和吸收。将剪纸工艺、年画工艺、动漫工艺、音乐工艺等不同的艺术形式借助葫芦工艺表现出来，形成葫芦加工工艺的衍生产品。比如：葫芦丝的生产、动漫葫芦的加工等。

7.在葫芦的实用和食用上挖掘，在葫芦的药用功能、美食文化上做文章，进行葫芦药膳研究，实现葫芦文化的多层面利用。

通过五年的努力，在葫芦种植、工艺加工、市场营销等各产业链上初步形成一个特色鲜明，结构布局合理，设施齐全，社会效益和经济效益显著的、开放的葫芦文化形态生产加工体系，发挥葫芦文化及其产业功能对三个文明建设、增加全区综合经济实力的积极作用，创造良好的社会效益和经济效益。实现重点突破，整体推进，以葫芦文化产业为重点，最终实现东昌府区文化产业的全面发展。

具体措施之三：

1.根据发展状况，科学调整葫芦产业葫芦种植、工艺加工、市场营销等各产业链上的发展进度，调整葫芦种植布局，强化加工工艺，整体推进市场营销，形成开放型的葫芦文化产业发展体系。

2. 扩大葫芦文化产业的范畴，进入医药业、美食业、动漫业、茶品业等涉及葫芦的服务业，初步尝试产业间的交流和融合。

3. 推出一部葫芦故事系列剧，大力发展葫芦动漫业和葫芦文化影视业，使葫芦文化的传播具有新的市场价值和文化价值。

附录三　东昌府区葫芦文化与产业发展①

葫芦是中华民族最原始的吉祥物之一，在几千年的栽培史中，葫芦已经超出作为植物学概念的葫芦，由普通的自然瓜果成为了一种特殊的人文瓜果。在中国灿烂的文化长河中，从道家文化，到文学艺术，以及与民俗、信仰和日常生活密切相关的民间艺术，葫芦作为一种特有的文化载体，形成了中国独特的葫芦文化。

东昌府区葫芦节源于 2007 年 8 月辽宁省葫芦岛市举办的第二届葫芦文化节，应邀出席的区领导惊讶地发现参展的葫芦商户超过半数来自东昌府区，看到当地商户奔波千里卖葫芦，区领导当即决定在自家门口办葫芦节。2007 年 9 月，中国江北水城·运河古都（聊城）葫芦文化艺术节正式落户中国葫芦雕刻文化艺术之乡——东昌府，之后年年举办，迄今已有八届。从当初参展商不足 60 家到今天的 600 多家；从本地为主到云南、新疆、广州等全国各地商贾云集；从家门口的小买小卖到出口美、日、英、法；从单一的葫芦产品交易到技艺大赛、精品展示；从邀请的专家不足 10 人到争相与会的 50 多位专家、学者，葫芦文化艺术节逐步成熟、逐渐壮大，在全国乃至世界确立了葫芦的市场地位，掌控

---

① 该资料由聊城市东昌府区文广新局的同志提供，系区政府部门在 2014 年聊城第八届葫芦文化艺术节期间的学术研讨会上发布。

了中国葫芦的话语权。数届葫芦节的成功举办不仅擦亮了中国葫芦雕刻文化艺术之乡、国家级非物质文化遗产保护项目这两块金字招牌，更给我们对东昌葫芦今后的发展带来了深思。

一 东昌葫芦文化与产业发展现状

东昌葫芦是我区最具代表性和最具特色的非遗项目和文化产业，东昌葫芦以其独特的历史渊源、深厚的文化内涵和广泛的群众基础，在中国葫芦文化中占有重要地位。东昌府区葫芦种植始于汉代，已经有一千多年的历史。作为手工艺品，东昌雕刻葫芦宋代已经流行于世。关于东昌葫芦雕刻技艺确切的起源已无从考证，民间比较认同的是宋代王和尚所创的传说。相传宋代有一个擅长绘画和雕刻的宫廷艺人王和尚，年事已高告老还乡，回到现在的聊城市东昌府区闫寺街道。因当时闫寺一带盛产葫芦，于是王和尚便在葫芦上雕刻出精美的图案，用来蓄养自己喜爱的蝈蝈。后来，当地人纷纷效仿，葫芦雕刻便由此流传开来。东昌府区是中国葫芦文化的重要发祥地，葫芦工艺品是齐鲁文化、黄河文化和运河文化融合的结晶。东昌府区是全国最大的葫芦种植生产加工基地。2008 年东昌葫芦雕刻被列入第二批国家级非物质文化遗产保护名录，东昌府区被国务院命名为中国葫芦雕刻文化艺术之乡。此外，东昌府区是山东省文化产业示范基地。目前，东昌府区葫芦产业已初具规模，不仅成为地方经济的特色产业，还代表中国民间传统文化产品销往世界各国，为传播中国文化起到了重要作用。

葫芦在东昌府区有着悠久的历史，葫芦生长发展得益于优越的自然环境。东昌府区位于黄河下游的冲积平原，马颊河贯穿全境，地貌地势平坦深厚，土壤质地均匀，境内河流众多，水源丰厚充足，光照充分，适宜的气候环境为东昌葫芦的种植和发展提供了条件。

东昌葫芦的发展与繁荣与其自身所处的经济环境同样有着更大的关系。隋唐以后，特别是明清时期，京杭大运河在山东的贯通，促进了沿岸城市的发展繁荣，得益于大运河漕运的兴盛，东昌府经济繁荣、文化昌盛达 400 年之久，成为京杭大运河沿岸九大商埠之一，当时的雕刻葫芦曾一度是运河两岸农家生产的重要商品，随运河远销全国各地。

东昌葫芦雕刻技艺，题材丰富、用料考究，线条流畅，制作精良，保持着浓郁的地域特色和独特的民族风情。东昌葫芦雕刻艺术经历了三个时期，宋代为简单性雕刻的雏形期，明代、清代至民国为取材广泛、技法多变、精雕细刻的成熟期，近代、当代为继承发展期。东昌葫芦工艺的特色主要是烙花、砑花、刻花、片花，用料多以"大葫芦"、"亚腰葫芦"和"扁圆葫芦"为主，雕刻的题材内容以花鸟、虫鱼、走兽、人物、山水居多，其中最多的是戏葫芦，表现当时老百姓耳熟能详的戏剧故事与戏剧人物。作为一门优秀的民间艺术，东昌府葫芦雕刻艺术传承有序、群体稳定，在长期历史传承的过程中，逐渐形成了闫寺、梁水镇、堂邑路庄三大雕刻谱系，并产生了各自的代表性传承人，明清、民国时期有李文朴、郑时均、萧必衡、黄玉谷等，建国后著名的民间艺人有郎发敏、陈金语、杨印台、李尚贤、杨际俊、谷运章、郝春林等，当代的有李玉成、王心生、路宗会、王树峰、于风刚、郝洪燃等。

现在，东昌府区是我国葫芦种植与加工的主要地区，主要集中在堂邑、梁水镇、闫寺等地，种植面积 8000 多亩，葫芦加工企业近千余家，从业人员 5000 余人，加工量占全国份额的 60% 以上，年销售额近 3 亿元，产品销往全国各地，并远销美、英、韩、新加坡、加拿大、台湾等国家和地区。

近年来，东昌府区高度重视葫芦艺术和葫芦产业的发展，深入挖掘葫芦历史文化底蕴和文化产业资源，培养传承队伍，倾力打造"东昌葫芦"文化品牌，占据了全国葫芦文化与产业发展的"制高点"，形成了特色文化名片，推动了葫芦文化产业的快速健康发展。东昌府区葫芦文化产业又好又快的发展得益于以下五个方面。

（一）群众的主动与热情。广大群众是带动东昌府区葫芦文化与产业发展的主力军和生力军。全国最大的种植基地，近千人的民间传承队伍，几百户的葫芦加工企业，遍布国内外的销售网络，为我区发展葫芦文化和葫芦产业奠定了坚实的基础。

（二）政府的引导与鼓励。东昌府区委、区政府高度重视葫芦产业发展，把葫芦文化产业的发展纳入了我区国民经济和社会发展总体规划，列入了各级政府的财政预算，列入党委政府的重要议事日程，创立了东昌府区葫芦协会，致力于整合我区的文化资源和人才资源，成立了葫芦产业发展领导小组，制定了发展规划，由区政府牵头，农业、服务业、文化、旅游等多部门各尽其职，形成了比较完善的组织保障机制。由政府出资建设了葫芦文化博物馆2处、开办葫芦工艺培训班，举办葫芦文化艺术节，收到了非常好的效果。葫芦文化艺术节已举办了八届，一届比一届好，为期三天的节庆，既有葫芦展示交易、精品葫芦评选、雕刻技艺大赛，又有文化与产业发展论坛、书画、摄影、群众现场体验、基地观光等活动，为葫芦业户和葫芦爱好者搭建了一个交流与合作的平台，把原本早已存在的众多的葫芦业户和葫芦追梦人，从散发状态凝聚起来，团结起来，把葫芦文化和葫芦工艺加以弘扬，把葫芦经济、葫芦产业开发扩大，让古老的葫芦造福今天，让老百姓腰包鼓起来。

（三）专家的帮助与支持。每一届葫芦文化研讨会上，与会专家、学者就葫芦与传统文化、葫芦与文化产业、葫芦与非物质文化遗产等方面建言献策、引领指导，既有理论高度，又与东昌府区葫芦产业发展实际相结合，为我区葫芦产业的发展指明了方向。此外，我们多次聘请山东大学、山东工艺美院、聊城大学的资深教授来我区规划指导葫芦文化产业发展，加大新工艺研发，不断提高产品质量，提升东昌葫芦的创作手法和艺术价值。

（四）媒体的宣传与推动。先后有中央电视台、人民日报、光明日报、经济日报、大众日报、山东电视台、齐鲁晚报等国内外几十家新闻媒体都对东昌葫芦发展及参会情况等进行过多层次、全方位的宣传报道，产生了很好的品牌效应和积极的社会影响。特别是中央电视台的几次专题报道，经济日报、大众日报的整版报道，提升了东昌葫芦在外的影响力和美誉度。

（五）对外交流与合作。主动参与国内外重要文化产业活动，充分展示东昌葫芦的文化产业魅力。先后参加深圳国际文化产业博览会、山东（国际）文化产业博览会、中国非遗展、上海世博会、澳门艺术节、法国巴黎"孔子文化周"活动等知名会展，提升了东昌葫芦的知名度，取得了良好的社会和经济效益。加强与民间协会、高等院校之间的交流与合作。与全日本爱瓢会等境外葫芦协会进行互访，并建立了长期稳定的交流合作关系。

二 东昌葫芦文化产业发展的思考

虽然近年来葫芦工艺品市场出现节节攀升的良好势头，产业发展也发生了深刻变化，但由于受政策、资金等诸多因素的影响，我区葫芦产业的发展仍然面临着诸多问题。

（一）加工工艺不精，产品品种少。东昌府区是全国最大的种植基地，产品以卖白皮葫芦为主。我区葫芦加工大多局限于雕刻、烙花、片刻等传统工艺，在技艺、样式、色彩、造型等方面与国内外其他产品相比还有很大差距，多了一些"土"气、"俗"气，少了一些"贵"气，葫芦的文化附加值小。

（二）雕刻加工后备人才不足。受现代经济思潮的影响，年轻人多半都不愿意从事这项工作，现在从事传统雕刻技艺加工艺术品葫芦的人员主要是中老年人，从事传统雕刻艺术品葫芦产业的人员形成了断层，使东昌葫芦雕刻工艺较难普及。另外，目前我区从事工艺葫芦加工的知名人士少，缺少像张福来、张作良、张太岭、张冰、陈胜这样的大师级人物。

（三）缺少有影响的区域性品牌。兰州的针刺葫芦、天津的范制葫芦、山西的漆制葫芦，这些都是当地区域性标志。戏曲雕刻葫芦，以戏曲人物和情节为素材的雕刻葫芦是国家级非物质文化遗产保护项目，是东昌府葫芦的区域性品牌。但从业人员少，品种和产量太少。在东昌府区葫芦摊位上看到的更多的是烙画、片花葫芦，更有一些激光机器制作的商品，在艺术性和收藏价值上有一定差距。

（四）缺少龙头带动企业，工艺葫芦产业没有形成规模。我区有葫芦加工企业400家，但都是家庭作坊式企业，虽然取得了一定经济效益，但基本都是每家每户进行生产，分散经营，分散销售，效益较差，没有形成大型公司制企业，生产量较少，知名度不高，没有形成品牌效应。缺少大公司、大企业，缺少龙头带动企业，有经济实力的实业家还没有把目光投向这个行业。

三　东昌葫芦文化产业发展的方向

葫芦雕刻工艺作为我国非物质文化遗产，产业的发展对传承我国传统民间文化与非物质文化遗产的保护具有重要作用。另外，葫芦文化产业的发展增加了农民收入，促进了农村经济发展。今后，我们着力做好以下几方面工作。

（一）推进产业园建设，引导集中种植，促进新产品研发。依托堂邑的葫芦种植优势，建设初具规模的葫芦种植园区，将东昌府区变成全国葫芦市场的产品加工和供应基地。

（二）把葫芦基地同乡村旅游相结合。打造葫芦农家院，让游客能观赏葫芦、把玩葫芦、体验葫芦工艺、品味葫芦盛宴等，在亲身的体验和体会中感受葫芦文化的丰富内涵。

（三）培植一批骨干企业，给予政策倾斜，重点扶持，促进其加快发展。充分发挥骨干企业对葫芦工艺品产业的带动与引领作用。实现产业整合发展，形成具有竞争力的特色产业集群。

（四）与高校交流合作，走葫芦产业高精之路。在大力发展工艺葫芦的同时，走精品葫芦、艺术品葫芦的高精之路，使东昌葫芦的内容形式为之一变，创作手法、艺术水平、欣赏品味大大提高，经济附加值大幅攀升。

（五）培养从业人员。通过和高校联合或举办培训班培养一批高精尖的艺术和技术人才。通过葫芦文化进校园、葫芦工艺大赛培养更多的葫芦爱好者，广植葫芦人才的根基。

（六）加强与国内外葫芦业界的交流与合作。加强与国内兄弟省市的葫芦协会、葫芦企业、葫芦爱好者和专家学者的交流，加强与美国、日本等国外知名葫芦协会的交流合作，提高东昌葫芦的知名度和话语权，提高东昌葫芦的销售额，使得东昌府的小葫芦具有国内外的大市场。

附录四　东昌葫芦的口述史料^①

一　李玉成口述史资料

东昌府区位于黄河下游的鲁西平原，充足的水源，独特的土壤，适宜的气候环境便于葫芦生长，生长出来的葫芦光洁润滑，肉质肥厚，非常适宜葫芦雕刻加工，葫芦音近福禄，内多子，因而人们通常把它当成吉祥物，寓意多子多福多寿禄，过去葫芦有许多使用价值，仙道用来盛酒，郎中用来装药，运夫用来盛水，锯开可舀水盛面，而东昌葫芦是用来畜养鸣虫蝈蝈的虫具。用葫芦畜养蝈蝈由来已久，旧时，每逢秋后，人们在田间捉些蝈蝈放入葫芦之中，待到立冬后，便把葫芦揣入怀中，人之冷暖与虫之冷暖，以化为一，无事农人相聚，自怀中取出葫芦放满桌面，待稳，虫以鼓翅，不疾不徐，声声如耳，等鸣声稍缓，更如怀中煦之，待取之，又鸣声如初，屋外大雪纷纷，屋内鸣声振振，可谓人间乐趣也。

东昌葫芦雕刻已有 600 多年的历史，相传是明朝年间五和尚所创，五和尚少时发稀，行五，被乡邻称为五和尚，非真正的和尚，五和尚擅长绘画雕刻，在京城为人雕刻火筒，后告老还乡，回到现在的东昌府区

---

① 该资料由民间葫芦雕刻艺术家李玉成、杨咏梅、谷运章、朱桂英等人通过口述或笔记的形式提供，聊城东昌府区文广新局的同志整理而成，前附录于此，备参考研究用。

闫寺办事处，当时闫寺一代盛产葫芦，五和尚便在葫芦上雕刻出精美图案，后人纷纷相仿，传至今日。东昌葫芦雕刻兴盛于清末民初，当时出现了许多刀下生花的有名艺人，如李文扑，郎发敏、陈金语、黄玉谷等，到 50 年代又出现了李尚贤、刘树文、郎树山等艺人，如今李玉成、王树峰则成为东昌葫芦雕刻的佼佼者。

东昌葫芦品种繁多，特别是近年来在各级政府的大力支持下，种植面积有了大面积的发展，造型各异，品种有扁圆葫芦、大丫腰葫芦、小丫腰葫芦、棒子葫芦、油锤葫芦、美国小手捻葫芦等等。

2008 年东昌葫芦雕刻被国务院认定为国家级非物质文化遗产项目，在申报过程中得到了各级政府的大力支持，特别是各级文化主管部门做了大量的实际工作，才使濒临灭绝的东昌葫芦雕刻申报成国家级非物质文化遗产项目，得到了有效的保护。

东昌葫芦雕刻用料极其考究，用料大体分为三种：一是上等葫芦，选料精良，精工细刻。二是中等葫芦，用料较次，雕刻成松树花篮葫芦。三是花葫芦，将葫芦染成红色，以粗犷遒劲的刀法，刻出各种花纹，红白相间，非常醒目，收藏大家王世襄先生曾赞誉这种片花葫芦"煮红刀刻，流畅快利"。

雕刻葫芦首先要选"坯子"，然后经过绘制、着色、洗净、补刻等诸多工序，坯子要选外表光滑、无虫蛀、无阴皮、色正、厚实适中的葫芦，葫芦是自然长成，世间没有相同的葫芦，刻什么图案要自己揣摩，画面的大小图案的设计都要自己去把握，即使没下刀雕刻，头脑中也要有刻好后的葫芦图案，然后定稿、打稿、刻制图案，用麦秸灰和食用油搅拌均匀涂抹在雕刻葫芦的图案上，洗净油墨，留在葫芦图案凹槽的油灰使图案更加清晰，最后雕刻葫芦的衬托部分，补刻遗漏的线条，整个葫芦雕刻就算完成。

而另一种起皮雕刻细葫芦，是把染红的葫芦用比较粗的雕刻刀刻出线条，然后把线条上面的红色用片刀起掉，留住红色线条，起皮时力量不要过大，过大线条就会被起掉，过小葫芦表面的红色又不起掉，力度非常难掌握，稍用力过大就会把线条起掉，整个葫芦作废。起好皮后再用国画染料上色，用大漆油一遍，整个葫芦工艺就算完成。

松树花篮葫芦的制作与以上两种葫芦雕刻的工艺完全不同，是利用工具做出来的一种工艺葫芦，而这种工具都是艺人自己所做，之所以把这种葫芦叫作松树花篮，是因为每个葫芦上都有松树、花篮两种图案。我很少做这种葫芦，前些年，秦喜英做过许多这种图案葫芦。

片花葫芦我们这叫挖葫芦，我出门遇见年老乡邻，和我打招呼时总问我在家挖葫芦哩？很少人说是刻或片葫芦，问起根由都答不出来，我想大概是过去片葫芦需要两种工具，一种叫片刀子，一种叫挖楞，而挖楞这种工具既能给葫芦开门，在片花时也能挖出细小的线条来，人们通常把它叫作挖葫芦吧！在上世纪四、五十年代，我们李什村有许多片葫芦的高手，如李尚姚、李尚书、李学清、李尚才等，可惜他们已全部离世。那个时代，我们村上的老人、妇女基本上都会片葫芦，秋后，人们开始担着挖好的葫芦，陆陆续续出门去卖，每担葫芦大约能担3000个葫芦（为减轻重量，葫芦开口把种子倒出来）。最先出门卖葫芦的是向北，葫芦也是比较大的葫芦，北方人喜欢大一点的葫芦，他们认为葫芦小，蝈蝈翻不过身来，北方人冬天穿着都比较厚实，把蝈蝈葫芦揣到怀里，衣服外面也显不出很鼓来。南方人穿的衣服比较单薄，揣上大一点蝈蝈葫芦衣服外鼓鼓囊囊，很不雅观，他们喜欢小一点的葫芦。带的葫芦也不能全部挖好，留一部分没挖好的葫芦，到现场现刻现卖，遇到谁家挖葫芦的人少，急着出门，大家都会主动去帮忙，从来不要工钱。最早染葫芦的色是高粱壳，因那时还没有染布的颜料。有了染布的染料以后，染料代替了高粱壳。染葫芦的染料需要用酒化开，这样染出的葫芦不易掉色。还有给葫芦开门也很有技巧，挖楞斜度不要太大太小，斜度不要朝一个方向，这样开出来的葫芦盖，既不掉盖也不会掉进葫芦里。染葫芦用酒泡或开葫芦盖技巧，老师曾告诉我千万不要告诉其他人，这大概是行规吧。

东昌葫芦雕刻图案最早的图案是渔樵耕读，渔，打鱼的；樵，砍柴的；耕，种地的；读、文人雅士。到清朝后期，才开始雕刻八仙和戏剧人物图案。八仙是汉族民间传说中广为流传的八位神仙，它们行侠仗义，为民解难，被画在葫芦上，人们非常喜爱。戏剧人物是根据京剧改编而成，刻在葫芦上每幅画则代表一个故事，如三娘教子，说的是倚哥不肯勤学，三娘春娥用刀砍断机布，以示断交，倚哥终被感动，勤奋学习，考得状元，倚哥虽非三娘所生，三娘却能教子有方，受到人们赞誉。汾河湾则是教育人们要有坚贞的爱情，说的是薛平贵征西外出，妻子王宝钏在汉窑等夫18年，终得相会。如今的东昌葫芦雕刻题材非常丰富，从传统图案八仙人物、戏剧人物，发展到了花鸟虫鱼、山水、人物、神话传说、民间传说诸多题材。在构图上，它具有粗犷淳朴的北方风格，并注重吸取民间年画工艺美术、剪纸中有益的表现手法，不断拓宽表现形式的空间。构图力求开合有度，繁简有序，做到繁而不乱，简而不空，亦繁亦简，因地制宜，变化无穷。从技法上从单一的刀刻发展到刀刻与火烙、镂空、平涂四法兼用，多管齐下，相互参透，相互为文的综合技法。

我最早只为别人加工刻葫芦，刻一个葫芦六角钱，别人把挑好的葫芦送过来，我和老伴秦喜英就开始刻葫芦。那时还年轻，一天我们最多能刻60多个八仙、戏剧人物葫芦。即使在"文化大革命"期间，我们邻村凤凰集的张以臣老先生仍用地排车拉了一车雕刻葫芦，去天津卖，因"文化大革命"刚开始，张以臣卖了一些钱，并用葫芦换了好多名人字画回来。40年代，我们村的葫芦就已卖到两广（广东、广西），我们村的李尚才40年代后期到广州卖葫芦，因不喜欢父母给娶的媳妇逃婚，在广州住了18年，直到1966年"文化大革命"才被遣返回来。80年代后，人们开始到北京、天津、济南卖葫芦。我们邻村经常去济南卖葫芦的有王怀林、刘玉琢、王良忠、大双阳、杨齐文等，去北京卖葫芦的有张以凤、张以喜、郝春林、杜的玉等，这些人我都给他们加工刻过葫芦。我也非常怀念我自己出门卖葫芦的时光，那时还没有京九铁路，我和张以凤坐着大巴，早上很早起来去赶车，到晚上才到北京，到北京后，为了省钱我们不住旅馆，胸前背后挎着葫芦，肩上扛着被褥，手里提着葫芦到北京朝阳区，找一民房住下，第二天再到集市上买一自行车，驮着葫芦，在偌大的北京城卖葫芦。北京的西直门，后来的阜成门花鸟市场，都是我们光顾的地方。我有一同学，跟我学刻葫芦，后来他跟我去北京卖葫芦，在西直门花鸟市场遇一姓马的先生，当时我不在，马先生从怀中掏出一雕刻葫芦来，对我同学说："这是北京刻的最好的葫芦，你没见过吧？"我同学告诉他这是我刻的，马先生说别把牛吹的太大了，两人争执起来。我上洗手间回来后，拉开我的提包让他看了我雕刻的葫芦，才相信是我刻的，并把他的姓名、在北京的住址、电话号码告诉了我。去济南卖葫芦，我是很少去的，基本都是老伴秦喜英去济南卖葫芦，济南也有许多卖葫芦的市场，如过去的十里山、南门、标山等，十里山是早市，南门是晚市，上午赶十里山市场，到了下午就要跑到南门去卖葫芦。

二　杨咏梅口述史资料

高祖父杨庆森师从著名艺人杨珉，高祖父杨庆森又把这门技艺隔代传授给爷爷杨连增。在这个时期杨庄村的杨印台、杨际俊、杨百银都是远近闻名的老艺人。

曾记得小时候，我们大杨庄村几乎家家户户都种上点葫芦，那个时候以种柿子葫芦为主。到了秋天，将成熟的葫芦摘下来，放在家里，先控几天水分，然后在自家院中支起一口大锅，锅中放上水，把水烧开将葫芦放在锅中煮，煮过之后，把葫芦堆放在一起，盖上麦秸，使其发酵后，用葫芦络子（家里老人用绳子结成的网兜）装上葫芦，去小河边，来回摇晃葫芦，以去掉表层青皮。然后再把葫芦放在房顶上面晾晒，使葫芦颜色变黄。等葫芦晒干变黄后，就把挑一下，大体分为三种：一是"上等葫芦"，选皮质好型正的葫芦精工细刻，图案主要是戏剧人物、古典名著人物为主，俗称"人字葫芦"；二是"中等葫芦"，用料稍次，多刻花鸟、鱼虫、走兽、山水等图案；三是"花葫芦"，将皮质差点的葫芦挑出来，在院中支起大锅，把水烧开，放入染布用的红染料和一点点酒，把葫芦倒入锅中，染成红色后，以粗犷遒劲的刀法，片刻出梅花、菊花、松树花篮等各类花纹俗称"片花葫芦"。在我们大杨庄，男艺人们刻人字葫芦，女的则做片花葫芦。雕刻葫芦常用工具有：定格圆规、斜口刀、直口刀、圆口刀、剪线刀、刻笔、透孔器等二三十种，其中，有不少工具是艺人在长期的实践中根据实际需要自行创制的。在刻人字葫芦时，先用圆规把圆打好，在葫芦的顶部和底部用刻刀刻上花纹，葫芦顶部以刻梅、兰、竹、菊为主，底部以带状网格纹、带状云雷纹、带状曲折纹、带状几何纹、回形纹、折线纹为主；刻完底部和顶部后，把葫芦中间部分用刻刀刻出四条双竖线，把葫芦等分为四个空格，每一个空格用刻刀刻出一出戏，穆桂英挂帅、三娘教子、墙头记、樊梨花征西、四郎探母、三岔口、黄鹤楼、拾玉镯、下河东等老百姓耳熟能详的戏剧故事和戏剧人物等，这就是所谓的"四出戏葫芦"。雕刻葫芦图案除了这些戏剧故事人物外，还有老百姓熟悉的历史人物、革命英雄人物、地方名人；有"八仙过海"等民间故事，古典名著《三国演义》中的桃园三结义，《红楼梦》中的金陵十二钗，《西游记》中的三打白骨精，《水浒传》中的武松打虎等；还有神话传说等；富有浓郁的生活情趣和地方色彩。把葫芦刻上图案后，就是上色了，先用锅底灰或麦秸灰同棉油搅拌均匀，涂抹在雕有图案的葫芦上，最后用布把葫芦表面的灰擦拭干净，留在图案凹槽的油灰会使图案更加清晰逼真，永不褪色，利于把玩收藏，养蝈蝈。

三　葫芦艺人访谈报道[①]

　　从明清时期开始雕刻葫芦，经过几百年的打磨，东昌雕刻葫芦的知名度和影响力不断扩大。民间艺人对传统文化的坚守，年轻传承人对传统雕刻的"再创造"，近年来各级政府对这项传统非遗支持的不断增强，使东昌葫芦雕刻这一从市井走出来的民间传统技艺，成为聊城一张靓丽

① 此部分访谈资料由聊城市东昌府区文广新局李广印、王涛、吕晓磊等人提供，为其2016年12月初深入当地开展葫芦雕刻调查后整理而成，特此致谢。

的名片。

1.民间艺人对葫芦雕刻的传播与坚守

东昌葫芦雕刻兴盛于清末民初，当时出现了许多刀下生花的有名艺人，如李文扑、郎发敏、陈金语、黄玉谷等，到 20 世纪 50 年代又出现了李尚贤、刘树文、郎树山等艺人，如今李玉成、王树峰、杨咏梅等人则成为东昌葫芦雕刻的佼佼者。

东昌葫芦雕刻 2008 年被国务院认定为国家级非物质文化遗产项目，才使濒临灭绝的东昌葫芦雕刻得到了有效的保护。

今年 60 岁的李玉成，是这个国家级非物质文化遗产的传承人。"我最早只为别人加工刻葫芦，刻一个葫芦六毛钱，别人把挑好的葫芦送过来，我和老伴秦喜英就开始刻葫芦，那时还年轻，一天我们最多能刻 60 多个八仙、戏剧人物葫芦"，李玉成说， 东昌葫芦雕刻图案最早的图案是渔樵耕读，渔，打鱼的；樵，砍柴的；耕，种地的；读，文人雅士。到清朝后期才开始雕刻八仙和戏剧人物图案，八仙是汉族民间传说中的广为流传的八位神仙，它们行侠仗义，为民解难，画在葫芦上人们非常喜爱。而戏剧人物，是根据京剧改画而成，刻在葫芦上每幅画则代表一个故事，如三娘教子，说的是倚哥不肯勤学，三娘春娥用刀砍断机布，以示断交，倚哥终被感动，勤奋学习，考得状元，倚哥虽非三娘所生，三娘却能教子有方，深受人们赞誉；汾河湾则是教育人们要有坚贞的爱情，说的是薛平贵征西外出，妻子王宝钏在寒窑等夫 18 年，终得相会。

同时，李玉成也告诉记者，如今的东昌葫芦雕刻题材非常丰富，从传统图案八仙人物、戏剧人物，发展到了花鸟虫鱼、山水、人物、神话传说、民间传说诸多题材。在构图上具有粗犷淳朴的北方风格并注重吸取民间年画工艺美术，比如剪纸中的有益的表现手法，不断拓宽表现形式的空间。构图力求开合有度，繁简有序，做到繁而不乱，简而不空，亦繁亦简，因地制宜，变化无穷。技法上从单一的刀刻法到刀刻与炮烙、镂空、平涂四法兼用，多管齐下的综合技法。

不仅仅是对传统技艺的坚守，早年间技艺精湛的民间艺人挎着葫芦走南闯北，也是对东昌葫芦最好的传播和东昌葫芦渐成品牌不可或缺的因素。回忆起当年出门卖葫芦，李玉成更多的是乐在其中，"我非常怀念我自己出门卖葫芦的时光，那时还没有京九铁路，我和张以风坐着大巴，早上很早起来去赶车，到晚上才到北京，到北京后，为了省钱我们不住旅馆，胸前背后挎着葫芦，肩上扛着被褥，手里提着葫芦到北京朝阳区找民房住下，第二天再到集市上买一辆自行车驮着葫芦在偌大的北京城卖葫芦。北京的西直门、后来的阜成门花鸟市场都是我们光顾的地方。我有一个同学，跟我学刻葫芦，后来他跟我去北京卖葫芦，在西直门花鸟市场遇一位姓马的先生，当时我不在，马先生从怀中掏出一个雕刻葫芦来，对我同学说：这是北京刻的最好的葫芦，你没见过吧？我同学告诉他这是我刻的，马先生说别把牛吹的太大了，两人争执起来，我上洗手间回来后，拉开我的提包让他看了我雕刻的葫芦，才相信是我刻的，并把他的姓名、在北京的住址、电话号码告诉了我。"

2.代表聊城参展的蝈蝈葫芦曾艳惊四座

除了民间艺人之外，其他机构和艺匠也在默默地奉献着自己的力量，为弘扬葫芦雕刻技艺作出巨大的贡献。20世纪70年代初期，聊城工艺美术厂选送某些工匠制作的蝈蝈葫芦，代表聊城参展，一亮相就艳惊四座。其中就包括至今仍健在朱桂英女士。她今年72岁，年轻时曾是聊城市二轻工业局的工艺美术师，当年出自其手的毛主席画像和宣传画曾在聊城轰动一时。

70年代初期，聊城工艺美术厂成立，朱桂英和几个美术师作为设计师调任工艺美术厂，并赴青岛进修学习绘画。1972年，朱桂英和其他设计师在师承传统雕刻葫芦工艺技法的基础上，大胆创新，把葫芦切割，组合造型，改平刻为透刻，使图案立体化，创作出了许多各具特色的新产品。

在朱桂英的家中，她向记者展示了她早期的葫芦雕刻作品，与传统雕刻葫芦不同，朱桂英将葫芦的顶端进行透雕，并将古典文学故事等一些经典图案用国画的形式在葫芦上表现出来，同时，用玉米皮、璜香、马尾等材料做成栩栩如生的蝈蝈，立在雕好的葫芦上，这样，就成了有构思、有布局、有造型、有技巧的小品葫芦雕刻。

"当时为了把蝈蝈做得更像，我特意去抓了几只蝈蝈放在家里养着，每天观察它们的形态"，因此，朱桂英做的蝈蝈也是形神兼备、栩栩如生。当年代表聊城参加省里和国内各大展览，一亮相便艳惊四座。

由于做工精湛、构思巧妙，而朱桂英的蝈蝈葫芦还受到日本、新加坡等国家客人的青睐，早年的葫芦作品早就被抢购一空，就连朱桂英家里现存的两个蝈蝈葫芦也是当年朱桂英跑去北京"抢"回来的，"当时这两个葫芦是代表聊城去北京参展，之后展出单位说我的蝈蝈葫芦做的很棒，想把这两个葫芦留下，我没同意，赶紧坐火车跑去北京把葫芦'抢'了回来"。

朱桂英告诉记者，当年为了刻葫芦她和同事也会去村里收葫芦，"那时候的种植技术落后，不像现在可以控制葫芦的形状，而是葫芦长成什么样就是什么样，有时候收上几大袋子葫芦也跳不出一两个品相好的葫芦来"。

挑选出刚成熟的品相稍好的葫芦之后，再放到沸水里煮约一分钟捞出，堆放到一起，用葫芦秧闷六到七天，扒去青皮洗净晒干便可制作，"去掉青皮的葫芦有骨性，不会太软"，朱桂英说。

由于雕刻葫芦格调新颖，雅俗共赏，朱桂英的雕刻葫芦 1981 年在山东省民间工艺美术汇报观摩展览中获奖。不少报刊称这种雕刻葫芦，是国内独有的工艺品。

3.传统技艺的当代创新

东昌葫芦品种繁多，特别是近年来在各级政府的大力支持下，种植面积有了大面积的发展，造型各异，品种有扁圆葫芦、大亚腰葫芦、小亚腰葫芦、棒子葫芦、油锤葫芦、美国小手捻葫芦等等。

在梁水镇孟庄村，还没走进路孟昆的家里，远远就能看见家门口挂着的两个葫芦，路孟昆的岳父谷运章年轻时曾是附近小有名气的葫芦雕刻艺人，片花葫芦堪称一绝，"年轻的时候家里实在是太穷了，于是就跟着岳父学着刻葫芦"。

在路孟昆的家里，他和妻子给记者展示了片花葫芦的制作过程。在院中支起大锅把水烧开，放入染布用的红染料和一点点酒，记者了解到，最早染葫芦的色是高粱壳，因那时还没染布的颜色，有了染布的染料以后，染料代替了高粱壳，染葫芦的染料需要用酒化开，这样染出的葫芦不易掉色。颜料倒入锅中后用棍子不停搅拌，并把锅中未化好的颜料用编织袋捞出，然后把挑选好的葫芦倒入锅中染成红色，在锅中煮一段时间，捞出，葫芦便变成了红色。

待葫芦晾到大约七成干的时候，便开始片花，把染红的葫芦用比较粗的雕刻刀刻出线条，然后把线条上面的红色用片刀起掉，留住红色线条，起皮时力量不能过大，过大线条就会被起掉，过小葫芦表面的红色又起不掉，力量非常难掌握，稍用力过大就会把线条起掉，整个葫芦作废。所以看起来简单的片花葫芦是"一刀定乾坤"，需要扎实的雕刻功底。

古老的技艺需要坚守，也需要创新。路孟昆告诉记者，自己平时做片花葫芦并不是太多，他目前主要经营艾灸葫芦。从年轻时为了养家糊口学习刻葫芦，短短数年，路孟昆已经成立了乾坤葫芦工艺品厂，把葫芦送到了全国除西藏之外的所有省市、自治区和新加坡、美国、意大利、日本、韩国以及港澳台地区。如今，有上千家农户围着路孟昆的葫芦工艺品厂转。

谈到现在葫芦每年带给自己的收入，路孟昆"嘿嘿"直笑："今年的收入远不如往年，但保守来说，大约有一百多万。"

4.十年葫芦节让聊城成为国内最大葫芦集散地

在2016年刚刚结束的中国·聊城第十届葫芦文化艺术节上，来自辽宁、河北、北京等全国13个省市地区的参展商共600多个，三天现场交易额及签订合同额达5000多万元。

"买天下葫芦，卖天下葫芦"，如今，聊城已经成为目前国内最大的葫芦集散地。

"我是葫芦文化艺术节的受惠者，从第一届葫芦节开始到现在，艺术节让我们这些葫芦雕刻艺人从偏僻的农村逐步走进人们的视野，甚至走向更大的世界"，非遗传承人葫芦雕刻师杨咏梅说。

从 16 岁起，杨咏梅开始跟着祖父杨连增学习葫芦雕刻。杨咏梅的高祖父杨庆森师从著名艺人杨珉，高祖父杨庆森又把这门技艺隔代传授给爷爷杨连增。"我们家是隔辈传，到我这里算是第五代了"，杨咏梅说。

"我不懂经营，平日里也要照顾孩子，但聊城的葫芦节就像一个武林大会，把天下的葫芦英才都召集到了一起，让我不用出门也能把葫芦卖出好价钱"，由于在业内小有名气，杨咏梅的葫芦基本是供不应求，根本存不下。"我很享受刻葫芦的过程，我曾经做过一个葫芦，做的是三十六星煞，就是在一个葫芦上刻 36 个人物，那次我几乎一个月都没出门，但一点儿也没觉得枯燥，我对葫芦雕刻是发自内心的喜欢"。从 16 岁到 40 岁，杨咏梅最好的时光都在葫芦雕刻的时光里。

让杨咏梅高兴的是，自己的儿子和女儿也喜欢画画，尤其是儿子，对葫芦雕刻很感兴趣，"我也不一定非得把葫芦雕刻传承给儿子，如果有对这门手艺特别感兴趣的人，我也可以把我这些年积累的经验传授给他们，让聊城的葫芦雕刻得到更多更好的传承和创新"。

附录五　东昌府区非物质文化遗产保护名录①

（一）国家级非物质文化遗产

非物质文化遗产	省级传承人	市级传承人	区级传承人
东昌葫芦雕刻技艺	李玉成　王心生 路宗会　王树峰	杨咏梅　李法庆 于凤刚　贾　飞	郝洪燃　路宗军 江鹏飞　王庆新 郝春娜　张明霞 丁桃玲
东昌府木版年画	栾喜魁　黄贤尧	栾占宽　黄振荣 荣维臣　徐秀贞	栾占海　许恒英

①东昌府区文化旅游研究会：《东昌府文化旅游》，2014 年第 2 期。

（二）省级非物质文化遗产

非物质文化遗产	省级传承人	市级传承人	区级传承人
聊城八角鼓艺术	逯焕斌　李以章		商　刚　王瑞海　张芮萌
东昌毛笔制作技艺	孙金龙	张信领	孙慧霞　张广芹　宋贵明　宋学义
东昌澄泥制作技艺	郭太星	郭　勇	郭太强
牛筋腰带制作技艺	梁成贵　张元杰	邹福智	
魏氏熏鸡	魏炳田		魏更月
鲁锦	梁　平	张凤民	潘长兰　林香菊
义安成高氏烹饪技艺	高文平		
运河伞棒舞	崔合生		
梅花桩拳	孟召力		

（三）市级非物质文化遗产

非物质文化遗产	市级传承人	区级传承人
郭氏纯粮白酒制作技艺（沙镇镇黄屯米酒）	郭献军	潘长兰　郭玉娟
沙镇呱哒	杨广家	杨宪金
马官屯泥人	李延平　沈秀芹	
王汝训的故事	李孟岭	
神仙度狗铺的传说	郭丹龙	
周店舞龙	刘印明	
东昌木板大鼓	李同生	
道口铺田庄查拳	高步阁	
道口铺龙灯制作技艺	高法明　胡树芬	
东昌陶器制作技艺	王立河	
堠堌冢的传说	赵波	
东昌泥塑	李金良	
东昌剪纸	徐秀荣　韩秀芹	黄兴涛　郭汝桂苏玉蛾
道口铺唢呐吹奏艺术	宋文平	
运河秧歌（伞棒舞）	崔合生	
道口铺龙头凤尾花杆舞	马庆法	
道口铺竹马舞	张兰云	
东昌弦子戏	李公润　徐西安	
沙镇云灯	王玉生	
道口铺秧歌	李玉生	
周店运河龙灯制作技艺	刘印明	
少北拳	耿孝广	

（四）区级非物质文化遗产

非物质 文化遗产	区级 传承人	非物质 文化遗产	区级 传承人	非物质 文化遗产	区级 传承人
流星锤	耿孝广	东八锯盆 锯碗技艺	王栋臣	东昌编织 技艺	沙镇镇 孙占为
杨氏泥塑京 剧脸谱制作 技艺	于集镇 杨学广	堠堌熏鸡 制作技艺	陈玉灿	闫寺养蜂 技艺	陈以斌
沙书艺术	魏笠海			于集木香 制作技艺	高春云
王志存民间 手工技艺	王志存			狮子绣球 制作技艺	凤凰办 姜西顺
		东昌木板 烙画技艺	梁绍海	白雀城的 传说	孙书贵
		张炉集镇周 庄唢呐	张兴法	东昌坠琴	张炉 集镇 张清平
道口铺炖鸽	道口铺 李培亮	鲁西北 柏木杆唢呐	王修平	四根弦	侯营镇 孟宪臣 孟宪友
传统魔术《三 仙归洞》	吴兴峰	侯营镇 戴家唢呐	戴 彬	沙镇红笛 梆子	柳青山
东昌刺绣	徐秀美 孙桂香	沙镇泥陶 制品技艺	张鹤诚	堂邑龙灯	孙贵林

附录六　已故葫芦雕刻大师作品展示

李尚贤作品（一）

李尚贤作品（二）

李尚贤作品（三）

李尚贤作品（四）

李尚贤作品（五）

杨庆森作品

杨连增作品

杨百银作品（一）

杨百银作品（二）

杨百银作品（三）

杨际俊作品（一）

杨际俊作品（二）

参考文献

著作类：

刘尧汉：《彝族社会历史调查研究文集·中华民族的原始葫芦文化》，民族出版社 1980 年版。

李时珍：《本草纲目》，人民卫生出版社 1982 年版。

《山茶》编辑部：《傣族文学讨论会论文集》，中国民间文艺出版社 1982 年版。

聊城地区文化局史志办公室编：《聊城地区文化志资料专辑》第十二辑《文化艺术志资料汇编》（内部资料）1988 年版。

陶阳等：《中国创世神话》，上海人民出版社 1989 年版。

闻一多：《闻一多全集·神话编·伏羲考》（第一卷），湖北人民出版社 1989 年版。

赵国华：《生殖崇拜文化论》，中国社会科学出版社 1990 年版。

陈文华：《中国古代农业科技图谱》，中国农业出版社 1990 年版。

夏纬瑛：《植物名释札记》，农业出版社 1990 年版。

齐保柱：《东昌古今备览》（山东聊城地区文史资料汇编），山东友谊出版社 1990 年版。

聊城市史志编纂委员会办公室编：《聊城史志资料·风俗篇》（内部资料），

1990 年版。

巴莫·阿依:《彝族祖灵信仰研究》,四川民族出版社 1991 年版。

邓启耀:《宗教美术意象》,云南人民出版社 1991 年版。

袁珂:《中国神话通论》,巴蜀书社 1993 年版。

普珍:《中华创世葫芦——彝族破壶成亲,魂归壶天》,云南人民出版社
　　1993 年版。

霍想有:《伏羲文化》,中国社会出版社 1994 年版。

马昌仪:《中国神话学论文选粹》,中国广播电视出版社 1994 年版。

中共聊城市委宣传部、聊城市政府办公室编:《中国历史文化名城——聊
　　城》,山东友谊出版社 1995 年版。

竞放主编:《地方史志资料丛书——聊城》(内部资料),聊城地区新闻
　　出版局 1994 年版。

竞放主编:《聊城方志辑要》(内部资料),聊城地区新闻出版局 1995 年版。

孟昭连:《中国鸣虫与葫芦》,天津古籍书店 1993 年版。

山东省聊城地区地方史志编纂委员会编:《聊城地区志》,齐鲁书社
　　1997 年版。

王世襄:《中国葫芦》,上海文化出版社 1998 年版。

刘庆芳:《葫芦的奥秘》,山东教育出版社 1999 年版。

山东省聊城市东昌府区人民政府办公室编:《东昌府区政府志》,五洲传
　　播出版社 2000 年版。

游琪、刘锡诚主编:《葫芦与象征》,商务印书馆 2001 年版。

孙建君等主编:《中国民俗艺术品鉴赏·雕刻卷》,山东科学技术出版社
　　2001 年版。

董占军:《蝈蝈葫芦》,河北美术出版社 2003 年版。

临夏回族自治州文化出版局编:《临夏雕刻葫芦》,甘肃人民美术出版社
　　2004 年版。

程玉海:《聊城通史》,中华书局 2005 年版。

丹增:《文化产业发展论》,人民出版社 2005 年版。

肖星：《旅游策划教程》，华南理工大学出版社 2005 年版。

胡惠林：《文化产业学概论》，山西人民出版社 2006 年版。

李广印：《东昌葫芦艺术》（内部刊印），东昌文化发展协会 2006 年版。

李思屈、李涛：《文化产业概论》，浙江大学出版社 2007 年版。

殷立森主编：《聊城文化遗产大观》，山东友谊出版社 2007 年版。

游琪主编：《葫芦艺术及其他》，商务印书馆 2008 年版。

卞宗舜等：《中国工艺美术史》，中国轻工业出版社 2008 年版。

杜云生、王军利：《民间美术》，河北人民出版社 2009 年版。

孟昭连：《中国葫芦器》，百花文艺出版社 2010 年版。

张跃进：《葫芦雕刻》，山东文化音像出版社 2011 年版。

高文广、高文平：《山东聊城市烹饪文化历史史志·东昌烹饪文化》（内
    部资料），2011 年版。

陈燕芳：《葫芦文化创意农业与农艺》，浙江文艺出版社 2015 年版。

谢雨辰：《葫芦文化与葫芦工艺》，浙江文艺出版社 2015 年版。

期刊论文类：

李子贤：《试论云南少数民族的洪水神话》，载中国少数民族文学学会云
    南分会编：《云南少数民族文学论集》第一集，中国民间文艺出版社
    1982 年。

张宪昌：《蝈蝈葫芦——鲁西民俗艺术》，《装饰》1990 年第 3 期。

（日）小南一郎，朱丹阳、尹成奎译：《壶形的宇宙》，《北京师范大学
    学报》1991 年第 2 期。

刘庆芳：《葫芦与盛器——葫芦文化研究之五》，《民俗研究》1994 年第 2 期。

庄斌：《蝈蝈葫芦栽培技术》，《农村百事通》1994 年第 2 期。

钟敬文：《葫芦是人文瓜果》，《民俗研究》1996 年第 4 期。

刘尧汉：《论中华葫芦文化》，载中国社会科学院民族研究所编：《葫芦
    与象征——中国民俗文化国际学术研讨会论文集》1996 年。

赵申：《中华葫芦文化谈略》，《葫芦与象征——中国民俗文化国际学术研讨会论文集》1996 年。

徐杰舜：《中国葫芦文化的人类学解读》，《民族艺术》1997 年第 1 期。

罗宏杰：《〈诗经〉中的葫芦文化》，《贵州文史丛刊》1999 年第 6 期。

贺军：《东昌蝈蝈葫芦起源与自然环境的关系》，《边疆经济与文化》2008 年第 11 期。

贺军：《东昌蝈蝈葫芦的历史渊源》，《边疆经济与文化》2008 年第 12 期。

张婧霞：《浅析兰州刻葫芦艺术》，《和田师范专科学校学报》2008 年第 3 期。

张萍：《关于葫芦雕刻艺术中的研究性学习》，《商情·科学教育家》2008 年第 7 期。

扈庆学：《葫芦民俗文化意义浅析》，《民俗研究》2008 年第 4 期。

贺军：《东昌蝈蝈葫芦产生和繁荣的经济条件》，《安徽文学月刊》2009 年第 1 期

贺军：《社会民俗变迁对东昌蝈蝈葫芦艺术的影响》，《山东文学月刊》2009 年第 1 期。

王申：《东昌府葫芦雕刻技艺与谱系传承》，《边疆经济与文化》2009 年第 10 期。

许林：《甘肃雕刻葫芦艺术传承述略》，《美术大观》2009 年第 5 期。

李泓池等：《葫芦上的神奇技艺》，《走向世界》2009 第 29 期。

韩玉：《兰州葫芦雕刻艺术》，《大众文艺》2010 年第 13 期。

白春明、吕福堂：《创意农业带动区域特色农业产业发展——以聊城市创意葫芦产业为例》，《全国休闲农业创新发展会议论文集》，中国农业大学农业规划科学研究所 2011 年。

秦垚：《东昌府区文化产业发展的现状、问题及对策》，《青春岁月》2012 年第 21 期。

薛丽华：《浅析体验经济时代下乡村旅游产品的开发——以聊城市东昌府区中国葫芦第一村为例》，《中国商贸》2012 年第 2 期。

花妮：《民间葫芦雕刻：山鹰之舞》，《新疆人文地理》2013 年第 7 期。

杨帆：《甘肃雕刻葫芦文化与技艺传承》，《发展》2013 年 12 期。

李贵玉：《浅谈东昌葫芦赏玩意趣》，《文艺生活·文海艺苑》2014 年第 7 期。

鲁法国：《东昌葫芦雕刻产业化分析》，《文艺生活·文海艺苑》2014 年第 7 期。

张燕：《东昌葫芦："雕刻""烙画"相辅相成》，《神州》2014 年第 28 期。

朱亮：《趣意葫芦——浅析东昌雕刻葫芦的艺术内涵》，《设计艺术研究》2014 年第 2 期。

王详鲁：《简析东昌雕刻葫芦中传统技艺的传承》，《文艺生活·文艺理论》2015 年第 10 期。

学位论文类：

韩西坤：《葫芦文化及其旅游开发研究》，南京农业大学硕士学位论文，2009 年。

贺军：《东昌蝈蝈葫芦雕刻艺术研究》，聊城大学硕士学位论文，2009 年。

王阵：《中国传统葫芦形造型艺术研究》，苏州大学硕士学位论文，2011 年。

常帅：《中国葫芦故事类型研究》，华中师范大学硕士学位论文，2012 年。

苟春艳：《东昌葫芦雕刻艺术的传承与发展研究》，重庆大学硕士学位论文，2012 年。

曹祎冰：《山西曲沃葫芦工艺的研究》，北京理工大学硕士学位论文，2015 年。

徐郑应：《乡村旅游创意产品开发研究——以建阳考亭为例》，福建农林大学硕士学位论文，2015 年。

报纸与网站：

郭广亮：《东昌府区小葫芦做出文化大文章》，《农民日报》，2009 年 1 月 5 日。

刘君祥：《东昌府区小葫芦年销售额近 2 亿元》，《农民日报》，2009
　　年 8 月 7 日。

郑惊鸿：《葫芦肚里有乾坤》，《农民日报》，2010 年 10 月 1 日。

程鸿飞：《东昌府：一个文化惠民样本》，《农民日报》，2012 年 1 月 16 日。

毕黎明、杨艳华：《挖掘深厚资源 加强东昌文化品牌建设》，《联合日报》，
　　2012 年 3 月 27 日。

蒋培玲：《文化创意为东昌府葫芦插上"翅膀"》，《农民日报》，2013
　　年 11 月 2 日。

吴本笠：《念好"葫芦经" 走活"发展棋"》，《中国县域经济报》，
　　2014 年 1 月 9 日。

苏晓萌：《东昌老葫芦传承遇到新问题》，《济南日报》，2015 年 11 月 20 日。

中国山东网聊城频道 http://liaocheng.sdchina.com

聊城新闻网 http://www.lcxw.cn/index.html

山东博物馆 东昌葫芦雕刻 http://www.sdmuseum.com/show.
　　aspx?id=3386&cid=78

聊城市文化广电新闻出版局 http://whj.liaocheng.gov.cn/ReadNew.
　　asp?NewsID=809

后　记

　　本书系我国葫芦写意画与收藏名家扈鲁先生主编的《葫芦文化丛书》之一，由聊城市东昌府区文广新局等单位与曲阜师范大学民俗文化研究中心的同仁联袂合作而成。

　　在本书编纂过程中，我们得到来自不同地区和单位的领导、前辈、学者、专家和师友等诸多同仁的悉心关照、鼎力支持与无私帮助。丛书总主编扈鲁教授、顾问叶涛教授、南开大学孟昭连先生、山东工艺美术学院张从军教授、聊城大学张宪昌教授、聊城市东昌府区副区长王怀华等从各方面给予指导、关怀、襄助、督促与鼓励，并对稿子的修改提出很好的建议。聊城当地从事民间葫芦雕刻、种植、加工和收藏的艺匠专家朱桂英、张太岭、李玉成、郝洪燃、于风刚、路孟昆、杨咏梅、王心生、王树峰、江春涛、谭庆顺、江鹏飞等提供了不少一手资料。中华书局编辑以极大的耐心和专业的校对，为本书指正很多错讹之处，提供了很好的修改建议。另，学界前辈时贤有关东昌葫芦文化方面的论著，为本书提供充分的参考资料和广阔的学术视野。再者，曲阜师范大学几位青年朋友田春燕、陈卫卫、梁璐璐、张巧巧、丁凯强、张荣光、卢宇扬、齐超儒、赵敬蕊、秦星星、褚燕、魏灵芝、马兴才、尹德艺利用宝贵的课余时间，整理资料，校对初稿等，多有劳焉。对于以上同仁的襄助与支持，我们均致由衷的感谢。因时间和精力有限，编者在引用部分文献与图片时，未能一一注明出处，谨致诚挚的歉意。书中存在某些不足与错讹，亦敬请读者雅正。

编者

2017 年仲春初稿，2018 年初夏修订